叉车司机
培训教程

配视频

张存国 尹祖德 蔡振宇 等编著

化学工业出版社

·北京·

内 容 简 介

《叉车司机培训教程（配视频）》共四篇十三章，较系统地介绍了叉车的构造原理、驾驶作业、维护保养与故障排除。

本书汇集了最新叉车的技术资料，吸收融入了作者团队多年积累的工作经验，内容全面系统，力求贴近市场主流车型，对叉车驾驶做了较详细的介绍，并配视频解读。本书注重理论基础，突出操作技能，充分体现了针对性、实用性、操作性。

本书既可作为中等职业学校和企业、社会培训机构的专门教材，又适合叉车司机自学和其他管理者、爱好者阅读，还可为维护保养人员提供指导。

图书在版编目（CIP）数据

叉车司机培训教程：配视频/张存国等编著. —北京：
化学工业出版社，2021.10（2025.1重印）
ISBN 978-7-122-39623-5

Ⅰ.①叉…　Ⅱ.①张…　Ⅲ.①叉车-职业培训-教材
Ⅳ.①TH242

中国版本图书馆 CIP 数据核字（2021）第 150057 号

责任编辑：张燕文　黄　滢　　　　　　装帧设计：刘丽华
责任校对：宋　玮

出版发行：化学工业出版社（北京市东城区青年湖南街 13 号　邮政编码 100011）
印　　装：北京科印技术咨询服务有限公司数码印刷分部
850mm×1168mm　1/32　印张 8½　字数 229 千字
2025 年 1 月北京第 1 版第 6 次印刷

购书咨询：010-64518888　　　　　　售后服务：010-64518899
网　　址：http://www.cip.com.cn
凡购买本书，如有缺损质量问题，本社销售中心负责调换。

定　价：49.80 元　　　　　　　　　　版权所有　违者必究

编写委员会

前言

　　为适应叉车市场的快速持续发展，针对叉车司机所担负的驾驶、操作任务繁重复杂，参加系统的职业培训困难，维修人员资料短缺、经验不足等现实情况，我们精心编写了本书。

　　本书共四篇十三章，较全面地阐述了叉车的构造原理、驾驶作业、维护保养与故障排除，同时对电动叉车做了较详细的介绍，形式新颖、图文并茂、内容充实且难易适度。本书以中、小吨位内燃叉车为重点，针对市场 2～5t 内燃叉车和 1～3t 电动叉车主流车型的技术性能与应用特点，着力打牢理论基础，强化驾驶操作技能，突出维护保养与故障排除，充分体现了针对性、实用性、操作性，覆盖面较宽。我们在编写过程中进行了市场调查，收集了国内叉车生产厂家的最新技术资料，将成功的经验融入书中，最大限度地满足读者的需求和增强读者的阅读兴趣。针对近年电动叉车销量占比持续提升，使用范围越来越广的现状，本书详细介绍了电动叉车的使用、维护保养以及常见故障排除，同时配有相关操作视频，更直观，更容易掌握重点。相信本书能为读者带来更多实用的知识，使读者更好地了解叉车的基本原理，掌握叉车操作使用与维护保养的方法，从而提高叉车从业人员的业务素质和技能。本书可专门用做叉车职业技能培训教材，也适合仓库、超市、港口、码头、铁路、工厂和机场等场所的物流装卸搬运驾驶人员自学，同时也可作为专业维护保养人员的重要参考资料，并为叉车管理者提供有力帮助。

　　参加本书编写的人员有张存国、尹祖德、蔡振宇、贺志鹏、杨占辉、赵圣帅、方汝月、徐正宇、韩清、张海涛、刘浩、何世朝、杨忠君、刘文波等，在本书编写过程中，得到了诸多热心同志的支持和帮助。此外，书中参阅了国内部分文献，在此向相关作者表示诚挚的谢意！

　　由于水平所限，编写过程中难免有不妥之处，恳请广大读者和同行批评指正，使本书能不断地丰富和完善。

编著者

目录

第一篇 概 述

第一章 叉车简介

　　叉车是用于对成件托盘货物进行装卸、堆垛和短距离运输作业的轮式搬运车辆。叉车最早出现在1910年，1928年美国制造出电动叉车，1935年后出现内燃叉车。第二次世界大战期间，叉车被广泛用于搬运、装卸军用物资，叉车也因此得到了迅速发展。叉车的出现是20世纪对世界工业发展影响重大的事件之一。目前，世界各国都在大力发展各类叉车，叉车的最大起重量已达90t，而最小的仅为0.25t。随着托盘、集装箱的广泛使用和叉车属具的多样化，叉车的使用范围也越来越广。

　　我国在20世纪50年代初开始研究苏联产品，20世纪60年代后，已能生产几个品种的内燃叉车与电动叉车。20世纪80年代后，通过组织行业联合设计，引进国外先进技术，我国已能生产起重量为0.5～2t的电动叉车和0.5～42t的系列内燃叉车。进入21世纪后，中国叉车行业发展迅速，叉车市场年销售量也从过去的不足2万辆，增长到2019年的72万辆左右。2020年受益于国内新冠疫情得到迅速控制，国内制造业、物流业的快速恢复，叉车市场需求快速增长。2020年1～11月的累计销售量达到72.56万辆，与2019年同期相比增长30.3%。除满足国内市场的需要，还有部分出口到国外。2019年中国叉车销售量占全球总销售量的40.7%，成为世界最大的叉车生产制造基地，出口流向德国、美国等机械制造强国市场，生产质量得到世界认可。

目前，国内市场的叉车品牌，从国产到进口有几十种。国产品牌有柳工、山推、中力、宜科、梯佑、巨盾、龙工、合力、安叉、杭叉、瑞创叉车、大连叉、山河智能、巨鲸、湖南叉车、广叉车、吉鑫祥、台励福、靖江、佳力、靖江宝骊、天津叉车、洛阳一拖、上力重工、玉柴叉车、合肥搬易通、湖南衡力等。进口品牌有友佳（中国台湾）、慕克（德国）、林德（德国）、力至优（日本）、海斯特（美国）、丰田（日本）、永恒力（德国）、BT（瑞典，后被日本丰田收购，但保留其品牌）、小松（日本）、TCM（日本）、尼桑（日本）、现代（韩国）、斗山大宇（韩国）、皇冠（美国）、OM（意大利）、日产（日本）、三菱（日本）等。

随着科学技术的进步和市场经济的发展，叉车的普及率越来越高，制造业和物流业对叉车的需求都非常大，叉车被广泛应用于港口、车站、码头、机场、货场、工厂车间、仓库、流通中心和配送中心等，并可进入船舱、车厢和集装箱内进行托盘货物的装卸、搬运作业，是托盘运输、集装箱运输必不可少的设备。由此带来的叉车制造业之间的竞争也愈发激烈，促进了叉车业及叉车技术的迅猛发展。未来全球叉车正朝着专业化与生产系列化、人性化、环保化、模块化、智能化等方向发展。

近年来，受到环保政策及室内作业环境要求的驱动作用，电动叉车需求持续增长，在发达国家的叉车销售结构中电动叉车占比均超过 60%，未来我国电动叉车比例也将持续提升。

第一节　叉车的功能与组成

一、叉车的功能

叉车又称万能装卸机，它是一种通用的举升、搬运、装卸、堆垛、牵引或推顶轮式车辆，广泛用于机场、铁路、港口、仓库和工厂等场所。

叉车能机动灵活地适应多变的物料搬运作业场合，具有对成件物资进行装卸和短距离运输作业的功能，还可以进入车厢、船舱和集装箱内进行货件的装卸和搬运作业，经济高效地满足各种短途物料搬运作业的要求。以内燃机或蓄电池与电动机为动力的叉车，均带有货叉承载装置，具有自行能力，工作装置可完成升降和前后倾、夹紧、横移、推出等动作，能实现成件物资的装卸、搬运和拆码垛作业。叉车若配备其他可拆换的先进属具，还能用于大件货物、散状物资和非包装物资的装卸作业，从而有效地减轻劳动强度，提高生产率，降低经济成本，增强作业安全性。

二、叉车的组成

叉车主要由动力装置、底盘、工作装置和电气设备四大部分组成（图 1-1、图 1-2）。

1. 动力装置

平衡重式内燃叉车是以内燃机为动力的叉车，主要使用汽油机、柴油机、液化石油气（天然气）机或双燃料机等类型内燃机。

电动叉车分为以蓄电池为动力源和以交流电为动力源两种，交流电叉车使用范围受限，因此使用较少，通常所说的电动叉车主要指蓄电池叉车。

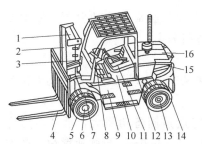

图 1-1 平衡重式内燃叉车基本组成

1—链条；2—门架；3—起升油缸；
4—货叉；5—前轮；6—驱动桥；
7—倾斜油缸；8—转向盘；9—车架；
10—前罩；11—座椅；12—护顶架；
13—转向桥；14—后轮；
15—配重；16—后罩

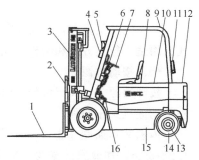

图 1-2 电动叉车基本组成

1—货叉；2—货叉架；3—门架；
4—前组合灯；5—前照灯；6—操纵杆；
7—转向盘；8—座椅；9—护顶架；
10—蓄电池箱盖；11—后组合灯；
12—平衡重；13—转向桥；14—后轮；
15—车架；16—加速器

2. **底盘**

叉车底盘由传动系统、转向系统、制动系统和行驶系统四部分组成。

3. **工作装置**

工作装置也称起升机构，由机械部分与液压系统组成。工作装置又可分为门架式、平行连杆式和吊臂伸缩式三种，其中门架式应用最广泛。

4. **电气设备**

电气设备主要由蓄电池、照明装置、各种警告与报警信号装置及其他电气元件和线路组成。内燃叉车有起动机和发电机，其中汽油机叉车还有点火装置，而电动叉车有直流电动机。

随着叉车技术的发展及用户使用要求的不断提高，平衡重式叉车目前还具有许多选装件，如驾驶室、灭火器、各种属具和报警装置等，内燃叉车还可选装空调等。

第二节 叉车的分类

叉车的种类繁多，分类方法多样，通常可按动力源、传动方式、用途、行走方式和结构形式进行分类。

一、按动力源分

按动力源分，叉车可分为内燃叉车、电动叉车、混合动力叉车和手动液压叉车四种。

内燃叉车如图 1-3 所示，其特点是储备功率大，承载能力为 1.2～8.0t，作业通道宽度一般为 3.5～5.0m，行驶速度快，爬坡能力强，作业效率高，对路面要求不高，但其结构复杂、维修困难、污染环境且噪声较大。

电动叉车如图 1-4 所示，其特点是结构简单、操作方便、污染少且噪声低。受蓄电池容量的限制，其驱动功率和起重量都较小（承载能力为 0.4～6t），作业速度慢，对路面要求高，还需配备充电设施。

图 1-3　3t 平衡重式内燃叉车　　　　图 1-4　1.8t 平衡重式电动叉车

混合动力叉车主要有两种：一种是燃油与液化气两种燃料交替使用的双燃料叉车，其工作时间相对其他叉车可提高一倍左右，更加经济、环保且高效，如图 1-5（a）所示；另一种是利用发动机的最佳转速，将机械能通过发电机转化为电能，再使利用电能的电动机驱动叉车的油电混合动力叉车如图 1-5（b）所示。油电混合动力叉车能使发动机在最佳工作点、最小负荷下工作，从而使油耗降低 30% 以上，CO_2 排放量减少 30% 以上，实现节能、环保。

(a) 西林FGY30型双燃料叉车　　　　(b) 开普KHDF30型油电混合动力叉车

图 1-5　混合动力叉车

　　手动液压叉车的特点是转弯半径小，无驾驶台，通过操纵杆控制货叉升降，是专为在通道窄小的仓库、超市、车间内部装卸、搬运货物而设计的，如图1-6所示，其主要参数见表1-1。

表 1-1　CTY 型手动液压叉车的主要参数

额定负载/kg	500	1000	1500	2000
起升高度/mm	85～1600	85～1600	85～1600	85～1600
货叉长度/mm	900	900	900	900
货叉宽度/mm	750	950	950	950
载荷中心距/mm	400	400	400	400
总长/mm	1280	1380	1380	1380
总宽/mm	750	1000	1000	1000
总高/mm	2030	2030	2030	2030
自重/kg	155	195	230	245

二、按传动方式分

　　按传动方式分，叉车可分为机械传动、液力传动、全液压传动和电传动四种。

三、按特种行业用途分

　　按特种行业用途分，叉车可分为防爆叉车、多向走叉车、越野叉车、集装箱行走吊、军用工业车辆、车载式叉车和无人驾驶工业车辆等。

四、按行走方式分

　　按行走方式分，叉车可分为电动托盘堆垛车、侧面叉车、固定平台搬运车、集装箱正面吊和三向堆垛叉车。

图 1-6　手动液压叉车

五、按结构形式分

　　叉车的常见结构形式见表1-2。

表 1-2 叉车的常见结构形式

名称	图示	名称	图示
平衡重式叉车		叉架前移式叉车	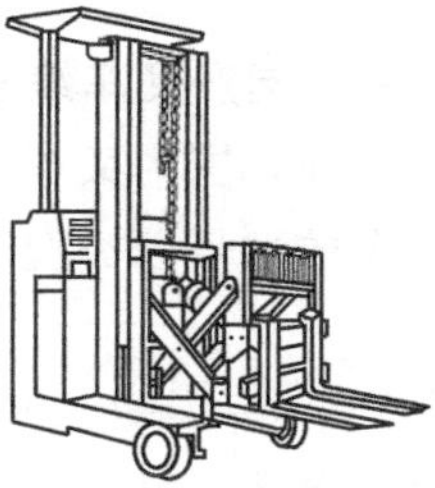
插腿式叉车	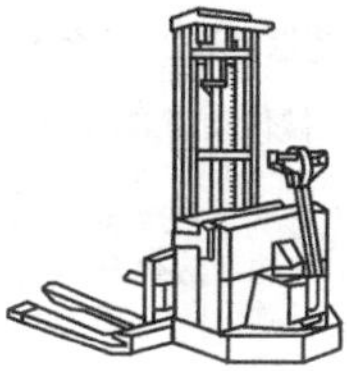	侧面式叉车	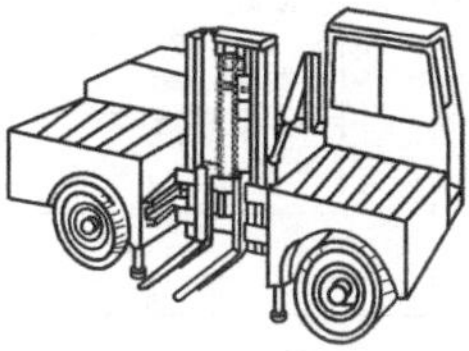
门架前移式叉车	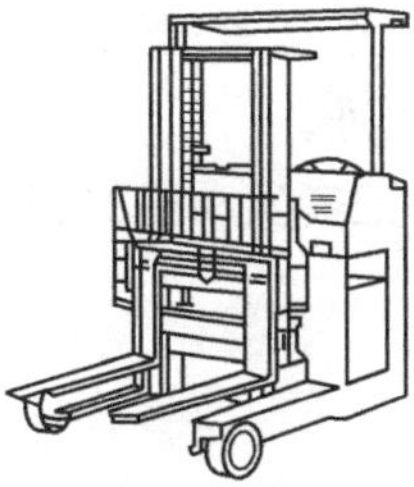	拣选式叉车	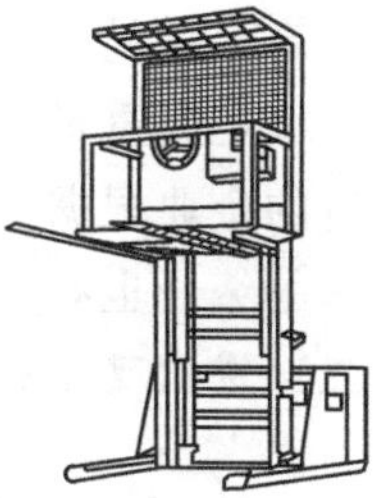
越野叉车	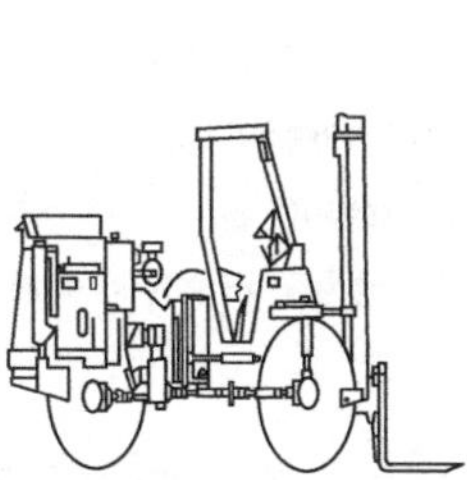	伸缩臂式叉车	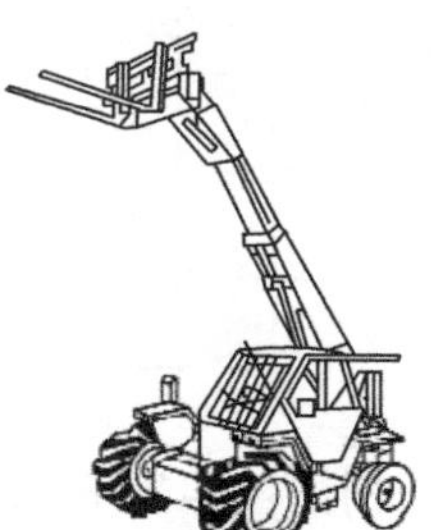

第三节 叉车的编号

一、国产叉车编号

目前，国内叉车主要采用 JB/T 2390—2005 进行编号，平衡重式叉车的型号以类型、动力、传动方式、额定起重量等表示如下：

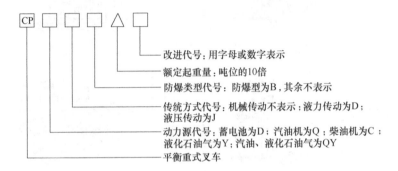

改进代号：用字母或数字表示
额定起重量：吨位的10倍
防爆类型代号：防爆型为B，其余不表示
传统方式代号：机械传动不表示；液力传动为D；液压传动为J
动力源代号：蓄电池为D；汽油机为Q；柴油机为C；液化石油气为Y；汽油、液化石油气为QY
平衡重式叉车

例如：CPCD30 表示平衡重式叉车，以柴油机为动力，液力传动，额定起重量为 3t；CPD10A 表示平衡重式叉车，以蓄电池为动力，额定起重量为 1t，经过一次 改进。

有的企业根据车型系列的变化和配套发动机的变化等，同样吨位叉车的编号也有所变化。

二、进口叉车编号

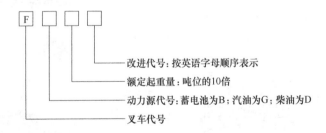

改进代号：按英语字母顺序表示
额定起重量：吨位的10倍
动力源代号：蓄电池为B；汽油为G；柴油为D
叉车代号

例如：丰田 FD30，表示为丰田公司生产，柴油叉车，载重量为 3t。

有的还标明变速器、发动机等项目，如友佳国际控股公司生产的 FD30TJC 型叉车，表示柴油叉车，载重量为 3t，自动变速器，进口发动机，C 系列。

第四节　叉车的主要参数

选购叉车需要看技术参数，因为它能反映叉车的性能和结构特征。叉车的技术参数分为性能参数、质量参数和尺寸参数等，见表 1-3～表 1-6。

表 1-3　叉车的技术参数

分类	项目	定义
性能参数	额定起重量	在规定条件下，正常使用时可起升和搬运货物的最大质量。平衡重式叉车的额定能力指门架处于垂直状态时，在标准载荷中心距条件下，能起升到 3.3m 时的最大载荷，称为额定起重量
	实际起重量	在规定条件下使用时，叉车配用的属具和货物起升的高度，在不影响稳定性的情况下，实际可起升和搬运货物的最大质量
	最大起升高度	货叉垂直升至最高位置，货叉水平段上表面至地面的垂直距离
	载荷中心距	额定起重量货物的重心至货叉垂直段前表面的水平距离，如图 1-7 所示
	满载与无载最大行驶速度	在额定起重量或无载状态下，车辆在水平坚硬的路面上行驶的最大速度
	满载与无载最大爬坡速度	车辆在额定起重量或无载状态下，按规定的稳定速度所能爬越的最大坡度，对电动叉车要求以不低于 5min 允许使用的电流所对应的速度
	最小转弯半径	在无载状态下，叉车向前和向后低速行驶，向左和向右转弯，转向轮处于最大转角时，车体外侧到转弯中心的最大距离，如图 1-8 所示

续表

分类	项目	定义
性能参数	直角通道宽度	调整货叉到最大间距,叉车直角转弯时,所需最小的通道宽度
	自由起升高度	在无载状态下,门架在垂直高度不变的条件下起升,货叉上平面至地面最大的垂直距离。叉车行驶时,货叉必须高于地面约 30cm,这样叉车才能顺利通过不小于叉车高的车门或库门。当叉车的货叉升到内门架的顶部时,叉车总高度仍不改变,称全自由起升
	满载与无载最大起升速度	门架垂直,升降操纵杆及动力操纵装置处于极端位置时,额定载荷与无载状态的起升速度
	最小离地间隙	车辆在额定起重量或无载状态下,除车轮制动器外,最低点距地面的垂直距离
	门架倾角	在无载状态下,叉车在水平地面上,门架相对垂直位置前后倾斜的最大角度
质量参数	自重	在无载状态下叉车的质量。自重轻表示材料利用经济,结构设计合理。通常将叉车自重转换为自重利用系数,表示为:自重量 G_k/额定起重量 Q
	桥负荷	叉车在无载或额定起重量状态下,桥所承受的垂直负荷
	挂钩牵引力	叉车牵引挂钩处发出的拉力
尺寸参数	外形尺寸(全长 L、全宽 W、全高 H 或 H_2)、轴距和前、后轮距等,如图 1-9 所示	

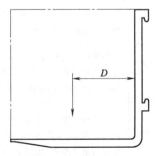

图 1-7 载荷中心距 D

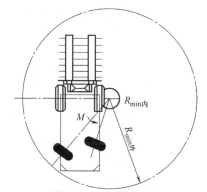

图 1-8 最小转弯半径

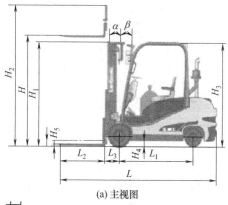

(a) 主视图

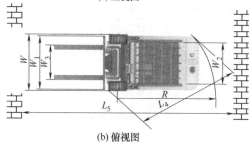

(b) 俯视图

图 1-9 叉车的尺寸和性能参数

L—全长；L_1—轴距；L_2—货叉尺寸；L_3—前悬距；L_4—最小直角通道宽度；
L_5—最小直角堆垛通道宽度；H—最大起升高度；H_1—门架不起升高度；H_2—门架
起升时高度；H_3—护顶架高度；H_4—最小离地间隙；H_5—货叉自由起升高度；
α—门架前倾角；β—门架后倾角；W—全宽；W_1—前轮距；
W_2—后轮距；W_3—货叉调节范围；R—最小转弯半径

表 1-4 CPC (D) 15～35 型平衡重式内燃叉车技术参数

项目		CPC15	CPCD15	CPC20	CPCD20	CPC30	CPCD30	CPC35	CPCD35
额定起重量/kg		1500	1500	2000	2000	3000	3000	3500	3500
载荷中心距/mm		500	500	500	500	500	500	500	500
最大起升高度/mm		3000	3000	3000	3000	3000	3000	3000	3000
货叉自由起升高度/mm		110	110	110	110	130	130	130	130
最大起升速度(满载)/(mm/s)		480	480	450	450	450	450	400	400
门架倾角(前/后)		6°/12°	6°/12°	6°/12°	6°/12°	6°/12°	6°/12°	6°/12°	6°/12°
传动形式		机械	液力	机械	液力	机械	液力	机械	液力
最大行驶速度/(km/h)		8/15	15	8/19	19	8/19	19	8/18.5	18.5
最大爬坡度/%		20	20	20	20	20	20	20	20
最小转弯半径/mm		1950	1950	2170	2170	2400	2400	2460	2460
全长/mm		3168	3168	3577	3577	3744	3744	3804	3804
全宽/mm		1080	1080	1166	1166	1266	1266	1266	1266
外形尺寸	门架不起升高度/mm	2015	2015	2039	2039	2124	2124	2124	2124
	门架起升时高度/mm	3920	3920	4000	4000	4120	4120	4120	4120
	护顶架高度/mm	2056	2056	2100	2100	2125	2125	2125	2125

续表

项目		CPC15	CPCD15	CPC20	CPCD20	CPC30	CPCD30	CPC35	CPCD35
最小离地间隙/mm		100	100	120	120	135	135	135	135
货叉尺寸(长×宽×厚)/mm		920×100×35	920×100×35	1072×122×40	1072×122×40	1070×125×45	1070×125×45	1070×125×45	1070×125×45
货叉调节范围/mm		200~916	200~916	250~1020	250~1020	250~1130	250~1130	250~1130	250~1130
轴距/mm		1400	1400	1600	1600	1700	1700	1700	1700
轮距/mm	前轮	890	890	960	960	1000	1000	1000	1000
	后轮	870	870	980	980	980	980	980	980
前悬距/mm		425	425	465	465	496	496	496	496
最小直角通道宽度/mm		1960	1960	2050	2050	2150	2150	2150	2150
最小直角堆垛通道宽度/mm		3495	3495	3795	3795	4050	4050	4050	4050
自重/kg		2550	2550	3340	3340	4300	4360	4500	4560
轮胎	前轮	6.5-10-10PR	6.5-10-10PR	7.00-12-12PR	7.00-12-12PR	28×9-15-14PR	28×9-15-14PR	28×9-15-14PR	28×9-15-14PR
	后轮	5.00-8-8PR	5.00-8-8PR	6.00-9-10PR	6.00-9-10PR	6.50-10-10PR	6.50-10-10PR	6.50-10-10PR	6.50-10-10PR
	型号	485BPG	485BPG	490BPG	490BPG	490BPG	490BPG	490BPG	490BPG
发动机	额定功率/kW	30(2600r/min时)	30(2600r/min时)	36.8(2650r/min时)	36.8(2650r/min时)	36.8(2650r/min时)	36.8(2650r/min时)	36.8(2650r/min时)	36.8(2650r/min时)
	最大转矩/(N·m)	131(1820r/min时)	131(1820r/min时)	148(1800~1900r/min时)	148(1800~1900r/min时)	148(1800~1900r/min时)	148(1800~1900r/min时)	148(1800~1900r/min时)	148(1800~1900r/min时)
	排气量/L	2.27	2.27	2.54	2.54	2.54	2.54	2.54	2.54

表 1-5　现代系列电动叉车技术参数

项目	HB10E(07)	HB15E(AC)	HB20E(07)	HB30E(07)
额定起重量/kg	1000	1500	2000	3000
载荷中心距/mm	500	500	500	500
动力形式	电动	电动	电动	电动
操作形式	坐式	坐式	坐式	坐式
轮胎类型	充气轮胎	充气轮胎	充气轮胎	充气轮胎
标准二级门架额定起重量时的最大货叉高度/mm	3000	3000	3000	3000
货叉架(ISO标准型)		II级		
货叉(厚度×宽度×长度)/mm	35×100×1070	35×100×1070	40×122×1070	45×125×1070
货叉同距范围/mm	200~920	200~920	240~1100	260~1100
门架倾角(前倾/后倾)	6°/10°	6°/10°	6°/12°	6°/12°
总长/mm	3090	3090	3360	3680
宽度/mm	1070	1070	1200	1230
门架最低高度/mm	1950	1950	2060	2080
护顶架高度/mm	2200	2200	2220	2250
座椅至护顶架高度/mm		1000		
外侧最小转弯半径/mm	1900	1900	2000	2240
最大行驶速度(空载)/(km/h)	11.5	14.5	12	14
起升速度(满载)/(mm/s)	220	300	340	260
挂钩牵引力(满载)/N		14100		

续表

项目		HB10E(07)	HB15E(AC)	HB20E(07)	HB30E(07)
最大爬坡度（满载/空载）/%		20	18	18	15
总重（空载）/kg		3000	3200	3920	4905
轮胎	前轮	6.50-10-10PR	6.50-10-10PR	7.00-12-12PR	28×9-15-14PR
	后轮	5.00-8-8PR	5.00-8-8PR	18×7-8-14PR	18×7-8-14PR
轴距/mm		1250	1250	1420	1580
轮距/mm	前	885	885	960	1000
	后	908	908	980	980
离地间隙（最低点）/mm		110	110	120	120
电动机	行驶电动机		6kW	他励/串励	
	液压电动机		10kW	串励DC	
控制器方式	牵引	他励	AC		串励
	液压	DC串励	AC		DC串励
蓄电池	电压/容量	48V/400A·h	48V/450A·h	48V/650A·h	80V/520A·h
	控制方式	场效应晶体管FET	场效应晶体管FET	场效应晶体管FET	场效应晶体管FET
	充电电源	3相380V	3相380V	3相380V	3相380V
充电器	方式	微电脑全自动	微电脑全自动	微电脑全自动	微电脑全自动

表1-6 开普KHDF30型油电混合动力叉车性能参数

型号	KHDF30
额定起重量	3000kg
载荷中心距	500mm
最大货叉高度(额定起重量)	3000mm
货叉(厚度×宽度×长度)	45mm×125mm×1070mm
货叉间距范围	250~1100mm
门架倾角(前倾/后倾)	6°/12°
外部尺寸(长×宽×高)	2740mm×1240mm×2050mm
护顶架高度	2180mm
外侧最小转弯半径	2375mm
最大行驶速度(空载)	20km/h
起升速度(空载)	500mm/s
起升速度(满载)	460mm/s
最大爬坡度(满载)	20%
总重(空载)	4480kg
车架轴距	1700mm
车架轮距(前/后)	1000mm/980mm
最小离地间隙	120mm
蓄电池电压/蓄电池容量	12V/65A·h
发动机型号	KM493G
发动机额定功率	35.5kW(400r/min时)
最大转矩	14.7kgf·m/(1800r/min时)

第五节 电动叉车的优势及发展趋势

一、电动叉车的优势

电动叉车是以直流电源(蓄电池)为动力的装卸搬运车辆,它的外形大多采用了流线型设计,造型更加美观,内部采用晶体管控制器（SCR 和 MOS 管），大大提高了使用性能，并且具有噪声低、无排气的优点。据统计，2019 年我国电动叉车总销售量约为 30 万台，占比从 2010 年 22.69％提升至 2019 年 49.09％，与内燃叉车相比，电动叉车具有以下优势。

1. 消耗成本低

电能的消耗成本要比柴油、汽油或液化石油气的消耗成本低。

2. 结构简单、操作方便

电动叉车电动转向系统、加速控制系统、液压控制系统以及制动系统都由电信号控制，驾驶员的操作强度相对内燃叉车要轻很多，提高了工作效率和准确性。

3. 维护成本低

（1）维护保养周期长。电动叉车的维护保养周期比内燃叉车长，通常内燃叉车的维护保养周期最长为 500h，而许多电动叉车已达到 1000h 以上。

（2）维护保养内容少。电动叉车的维护保养，通常只要润滑一些关节活动部位，如门架轴承、转向桥等，其他主要以检查、清洁为主，最多是在每 2000h 或 3000h 更换一次液压油、齿轮油、液力传动油、制动液等，所消耗的材料非常有限。

（3）维护保养时间短。电动叉车的维护保养间隔周期相对内燃叉车要长得多，同时每次保养所需要的时间要比内燃叉车少很多，大大节省了保养所需要的劳动力成本，缩短了叉车的停机时间，从而提高了叉车的工作效率和经济效益。

4. 环保功能突出

由于叉车的室内操作较多，这样对车辆尾气排放的要求也越来越高。欧美等地已经严格规定，室内禁止使用内燃叉车。即使现在我国的法律法规还没有开始严格限制内燃叉车在室内的使用，但是电动叉车的低噪声、无尾气排放的环保优势已经得到认可。

5. 使用范围扩大

电子控制技术的快速发展，使电动叉车操作变得越来越舒适，适用范围越来越广，像电动托盘车、电动堆垛车、前移式叉车、窄通道叉车等具备了内燃叉车所没有的优势，尤其在仓储物流系统解决方案中起到了非常重要的作用。

二、电动叉车的发展趋势

电动叉车这一集电子技术和机械制造技术于一体的产品日新月异。国外著名叉车公司投入大量的人力、财力用于电动叉车的研发，生产全系列的电动叉车，包括三支点和四支点平衡重式叉车、前移式叉车、拣选车、三向堆垛机和托盘搬运车等，使之成为现代高新技术产品。

1. 外观造型和表面处理

叉车的外观造型都采用了现代轿车的设计方法，叉车的护顶架、车身、配重及各种装饰件融为一体，考虑美学效果，制作精良。

在表面质量上，对黑色金属进行侵蚀处理后喷漆，更容易获得高的表面质量。通过高压静电喷涂等工艺，提升漆面效果，更容易受到客户的青睐。

2. 人机工程

现代叉车驾驶室的每一个设计细节都充分考虑了工作效率和安全性，更符合人机工程学原理。操作空间加大，使操作者的手、脚、腿、头、背部有更大的活动空间，集成化操纵方式提高了操作人员的舒适性。例如一些叉车，座椅和转向盘均可在三个自由度范围内，根据驾驶员身高、体重和习惯进行任意调节。座椅为全悬浮式和驾驶员约束座椅（OSR），座椅右侧有带衬垫的可调手臂托架，用于搁放驾驶员手臂。用一个操纵手柄完成蓄电池叉车的所有控制动作，大大降低了操作人员的劳动强度，从而提高了劳动效率和驾驶舒适性。

目前，JUNGHEINRICH（永恒力）公司、安徽叉车集团公司的产品已采用了这种舒适、方便的集成操纵系统。

3. 电气系统

现代电动叉车均配有先进完善的电气系统，包括（行走、起升、转向）控制器、DC-DC 转换器和车载充电器等。

行走电动机从 DC 串励向 DC 他励，并进一步向 AC 交流方向发展。加速器从碳膜电阻型有磨损式向霍尔型无磨损式发展。仪表盘上配置有各具特色的组合仪表面板，采用大屏幕点阵式液晶显示和 LED，实时显示叉车状况，其中包括放电显示、工作计时、电动机温度、故障诊断及更多信息。

DC 他励控制器的特点：可实现传统串励电控无法实现的坡道防下滑功能；蓄电池、电动机工作电流的脉动大大减少；空载和满载均能实现最大车速。他励电控取消了三个接触器，即换向接触器、旁路（全速）接触器、再生接触器，从根本上解决了接触器易拉弧、故障多的问题，大大减少了维护工作量，降低了使用维修费用。

AC 交流控制器的特点：低速时恒转矩控制，高速时恒功率控制，在低速段有电压补偿功能，使爬坡和启动性能更好，加之 AC 电动机有速度反馈功能，因此操作灵敏度高，动力控制精确；同时 AC 电动机不使用触点和电刷，维修更简易。

这两种先进的控制器都可以通过 CAN（Control Area Network）总线和其他元件通信。各控制模块之间采用 CAN 网络进行通信，所有电子功能部件成为一个整体的虚拟单元，可以实时交换控制信息，实现同步控制。在两条高速通信总线的连接下，每个独立的功能部件从其他功能部件存取信息非常方便。

将 CAN 总线应用于蓄电池叉车控制系统上，数据通信的可靠性及通信速率得到提高，降低了控制系统成本，大大提高了蓄电池叉车的控制水平。LINDE 公司、安徽叉车集团公司均已成功地将 CAN 总线技术应用于蓄电池叉车上。

4. 驱动系统

驱动系统是电动叉车的关键部件之一。各种叉车在驱动系统的结构上存在很大的差别，有的单电动机布置形式上也存在差别，如国内一些叉车，其电动机轴与驱动桥为丁字形结构，而国外如 TOYOTA（丰田）等叉车的驱动电动机轴与驱动桥布置的结构紧凑。LINDE（林德）的 E20 电动叉车和 CARER（卡瑞佛）的 P50

电动叉车的前轮驱动是由两个独立的电动机来完成的，电动机与驱动轴平行放置，结构紧凑。由于是双电动机驱动，加速和爬坡性能好，牵引力大，采用了电子调速系统，替代原来的叉车差速系统，使用性能得到了很大提高。

5. 液压系统

电动叉车一般都采用单独的电动机带动齿轮泵，从而为其门架工作系统的提升和倾斜提供液压动力。目前，国产叉车由于没有实现液压马达的调速，液压马达在启动后，只能高速转动，不会随着功能和压力的改变而自动调节，多余的流量只能通过溢流阀流回油箱，造成能量浪费。国外新型叉车，如 LINDE 的 E20 电动叉车，采用了先进的液压脉冲控制技术，液压泵脉冲控制器能够根据液压回路的反应，自动平衡液压马达速度与用油量，从而节约电能，这种控制的优点是电源利用率高，无电压峰值，液压系统的噪声低，液压元件的磨损也低，从而大大地提高了整车的可靠性和使用寿命。

6. 制动系统

现代叉车一般配有三套独立的制动系统：作用于驱动轮和承载轮的踏板液压制动，电子或机械式驻车制动，再生制动。

再生制动原理：叉车在下坡、停车、前进/后退转换过程中的动能不是仅仅消耗在机械制动器上，通过控制器可将电动机变成发电机，给蓄电池充电，例如 CARER 的 P50 或者 LINDE 的 E20 这两种电动叉车，在驾驶员初次或使用较小力度踩下制动器踏板时，可以让电动机变成发电机将能量输送回蓄电池内，较一般的电动叉车制动系统又多了一项节约能源的功能。这种制动系统延长了每次充电后的工作时间（一般可延长 5%～10%），同时减少了机械制动器的磨损，降低了使用成本，对于频繁启动、制动的叉车来说尤为重要。

7. 动力转向

现代叉车普遍采用电控动力转向（EPS）和电控液压动力转向（EHPS），这两种转向均由电脑控制。LINDE、JUNGHEIN-

RICH、BT、STILL 公司的前移式叉车装备了 EPS，由输入轴、输出轴、转向轮、转向电动机和传感器等组成。在转向柱下装有一个固态逻辑单元（电子传感器），它可以检测转向角的差值，并将其输入到电控系统中来控制转向机，使其与转向力成正比。当转向盘不转动时，则转向机不工作，而传统的转向机一直旋转，噪声和能耗较大，容易造成电动机和齿轮泵的磨损。TOYOTA 和 SHIN-KO 公司的平衡重式叉车装备了最先进的 EHPS，转向盘转动时，车轮的转向角度通过转向传感器同步反馈给控制器，自动补偿并修正定位，使叉车的转向操作更为精确，实现了转向盘的自动精确定位。浙江杭叉采用 DC 他励、AC 交流控制器、EHPS 动力转向等先进技术，生产了外观造型可与现代轿车相媲美的新一代叉车，已经陆续投放市场，深受国内外用户青睐，可代表我国电动叉车的发展方向。

第二章 叉车安全作业与驾驶员的基本要求

第一节 安全作业的操作规程

叉车作为一种机动灵活的搬运工具，在现代生活中的作用不可忽视，因此安全作业显得十分重要。叉车驾驶员要把安全驾驶操作放在首位，树立安全作业意识，自觉遵守叉车安全操作规程，熟练掌握驾驶操作技术，提高维护保养能力，使叉车处于良好的技术状态，确保驾驶作业中人身、车辆和货物的安全。

1. 启动前

（1）检查冷却液、燃油、机油、液压油和轮胎气压等是否符合要求。检查管路、接头、泵阀是否有泄漏或损坏。

（2）检查行车制动：制动踏板空行程应在 20～30mm 之间；前底板和踏板之间的间隙应大于 20mm。

（3）经常检查驻车制动，手制动拉到底时叉车应可在 15% 的坡道上满载停住。

（4）检查仪表、照明、开关及电气线路工作是否正常。

2. 启动

（1）禁止未经培训或无驾驶执照的人员操作叉车。

（2）装有安全带的座椅，需用安全带将驾驶员固定，在万一翻倒的情况下，防止从车辆上跌落下来。

（3）开车前检查各控制和报警装置，检查工作装置是否工作正常，切勿驾驶有故障的叉车。

（4）在启动、转向、行驶、制动、停车时，应尽量使叉车的动作平顺。

（5）启动时，起动机连续启动时间不得超过 5s，间隔启动时间不得低于 15s，连续启动次数应控制在 3 次以内。

（6）带属具叉车空车运行时应作为有载叉车来操作。

（7）加燃油或检查蓄电池或油箱液位时，驾驶员不应在车上进行，应使发动机熄火。

3. **装卸**

（1）禁止载运未固定或松散堆垛的货物。

（2）禁止超负荷载运，应根据货物与叉车的载荷中心距，对照负荷曲线图（图 2-1）规定的数值装载。

（3）禁止从驾驶员座椅以外的位置操作。

（4）货叉必须全部插进货物下部，禁止单叉挑货（图 2-2）。

（5）高升程叉车应注意上方货物下坠。

（6）注意上方间隙。

（7）高升程叉车装卸时应在最小范围内进行前倾、后仰。

（8）发现破损的托盘及时送修，损坏的托盘很容易造成事故。

（9）货物码放托盘时，要做到层层件件交错排列，压缝封顶。

4. **行驶**

（1）行驶时，应根据不同情况和速度及时换挡，不可长时间使用高速挡行车，不允许把脚放到离合器踏板上，以免离合器打滑或烧毁摩擦片。

（2）载重行驶时，应使货叉离地面 20～30cm，并使门架处于后倾位置，如图 2-3 所示。

（3）载重叉车在坡度超过 10% 的道路上行驶时，上坡应正向行驶，下坡应倒车行驶，如图 2-4 所示。

（4）叉车转弯时，应提前降低车速，避免因急转弯造成货物散落或翻车，如图 2-5 所示。

（5）叉车行驶中需要换向时，必须待叉车停稳后才能进行，以免传动系统受到损伤，如图 2-6 所示。

（6）倒车行驶时，必须向后瞭望，行驶速度要慢，注意路面有无障碍物，如图 2-6 所示。

（7）禁止在配重上坐人，禁止在货叉下站人，禁止货叉送人登高，如图 2-7 所示。

（8）操纵门架前倾、后仰和货叉上升时，不要"升足"和"倾足"，如图 2-8 所示。

（9）靠站台边行驶时，车轮离站台边的距离必须在 0.3m 以上，防止叉车跌落站台。

5. 停车

（1）将货叉下降着地，将挡位手柄置于空挡，发动机熄火或断开电源，取下钥匙。

（2）坡道停车时，将驻车制动装置拉好，较长时间停车时需用垫块垫住车轮。

（3）作业结束后，车辆要按规定检查、保养。

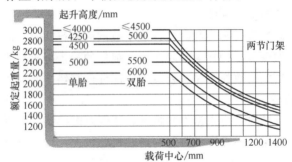

图 2-1 负荷曲线图

图 2-2 禁止叉车单叉作业

图 2-3 载重行驶的货叉离地间隙

图 2-4　载重叉车在坡道上正向行驶

图 2-5　叉车转弯

图 2-6　叉车换向

图 2-7　禁止配重上坐人和货叉送人登高

图 2-8　门架的操纵

第二节　叉车驾驶员的素质和职责

随着经济的快速发展，叉车数量越来越多，叉车驾驶员队伍迅速扩大，努力提高驾驶员的素质是保证人身、车辆和货物安全的关键。叉车驾驶员必须年满 18 周岁，身高 155cm 以上，具备初中以上文化程度，经过专业培训，并考核合格，取得《特种设备作业人员证》后，方可单独驾驶操作。

一、叉车驾驶员的基本素质

1. 思想素质过硬

（1）责任意识较强　叉车驾驶员必须热爱本职工作、忠于职守、勤奋好学，对工作精益求精，对国家、单位财产以及人民生命安全高度负责，安全、及时、圆满地完成各项任务。

（2）驾驶作风严谨　叉车驾驶员应文明装卸、安全作业，认真自觉地遵守各项操作规程。道路好不逞强，技术精不麻痹，视线差不冒险，有故障不凑合，任务重不急躁。

（3）职业道德良好　叉车驾驶员工作时，应安全礼让，热忱服务，方便他人。作业中能自觉搞好协同，对不同货物能采取不同的装卸方式，不乱扔乱摔货物。

（4）奉献精神突显　叉车驾驶职业结合了艰苦的体力劳动与较复杂的脑力劳动，要求驾驶员在工作环境恶劣、条件艰苦的场合和危急时刻，有不怕苦、不怕脏、不怕累的奉献精神，还要有大局意识、整体观念和舍小顾大的思想品质。

2. 心理素质优良

（1）情绪稳定　当驾驶员处于喜悦、满意、舒畅等情绪状态时，反应速度较快，思维敏捷，注意力集中，判断准确，操作失误少。反之，当处于烦恼、郁闷、厌恶等情绪状态时，便会无精打采，反应迟缓，注意力不集中，操作失误多。因此，要求驾驶员要及时调控好情绪，保持良好的心境。

（2）意志坚强　意志体现在自觉性、果断性、自制性和坚持性上。坚强的意志可以确保驾驶员遇到紧急情况，能当机立断进行处理，保证行驶和作业安全；遇有困难能沉着冷静，不屈不挠，持之以恒。

（3）性格开朗　从事叉车驾驶工作，必须热爱生活，对他人热情、关心体贴；对工作认真负责，富有创造精神；保持乐观自信，同时正确认识自己的长处和不足。

3. 驾驶技术熟练

（1）基础扎实　驾驶员具有扎实的基本功，能熟练、准确地完成检查、启动、制动、换挡、转向、拆垛、叉货、搬运、码垛卸货和停车等操作。基本功越扎实，对安全行驶和作业越有利，才可能做到眼到手到、遇险不惊、遇急不乱。

（2）判断准确　驾驶员要能根据行人的体貌特征、神态举止等来判断行人的动向，判断相遇车型的技术性能和行驶速度，根据路基质量、道路宽度来控制车速，根据货物的包装和体积判断货物的重量和重心等，并综上判断叉车和货物所占空间，前方通道是否能安全通过，对会车和超车有无影响等。

（3）应变果敢　叉车在行驶和作业过程中，情况随时都在变化，这就要求驾驶员必须具备很强的应变能力，能适应行驶和作业的环境，迅速展开工作，完成作业任务，保证人、车和货物的安全。

4. 身体健康

叉车驾驶员应每年进行一次体检，有下列情况之一者，不得从事此项工作。

（1）双眼矫正视力均在 0.7 以下，色盲。

（2）听力在 20dB 以下。

（3）中枢神经系统器质性疾病（包括癫痫）。

（4）明显的神经官能症或植物神经功能紊乱。

（5）低血压、高血压、贫血。

（6）器质性心脏病。

二、叉车驾驶员的职责

（1）认真钻研业务，熟悉叉车技术性能、结构和工作原理，提高技术水平，做到"四会"，即会使用、会养修、会检查、会排除故障。

（2）严格遵守各项规章制度和叉车安全操作规程、技术安全规则，加强驾驶作业中的自我保护，不擅离职守，严禁非驾驶员操作，防止意外事故发生，圆满完成工作任务。

（3）爱护叉车，积极做好叉车的检查、保养和修理工作，保证叉车及机具、属具清洁完好，保证叉车始终处于完好的技术状态。

（4）熟悉叉车装卸作业的基本常识，正确运用操作方法，保证作业质量，爱护装卸物资，节约用油，发挥叉车应有的效能。

（5）养成良好的驾驶作风，不用叉车开玩笑，不在驾驶作业时饮食、闲谈。

（6）严格遵守叉车的使用制度，不超载，不超速行驶，不酒后驾驶，不带故障作业，发生故障应及时排除。

（7）多班轮换作业时，坚持交接班制度，严格执行交接手续，做到四交：交技术状况和保养情况；交叉车作业任务；交工具、属具等器材；交注意事项。

（8）及时准确地填写《叉车作业登记表》《叉车保养（维修）登记表》等原始记录，定期向领导汇报叉车的技术状况。

（9）叉车上路行驶时，应严格遵守交通规则，服从交通警察和公路管理人员的指挥和检查，确保行驶安全。

（10）驾驶员在驾驶作业中，要持《叉车操作驾驶证》，不允许操作与驾驶证件规定不相符的叉车。

第二篇 叉车构造原理

第三章 内燃叉车的动力装置

内燃叉车的动力装置多采用往复活塞式发动机，即普通车用汽油机和柴油机，少数厂家配用液化气发动机，如图 3-1 所示。国产叉车配套汽油机有 475、480、492、495 等机型；柴油机主要有 485、490、495、498、4100、4105 和朝柴 6102、QC490GP 等机型，目前，495、490 为柴油机主流型号。出口叉车及供国内机场、港口、外资企业使用的叉车多采用进口发动机，主要有日本日产公

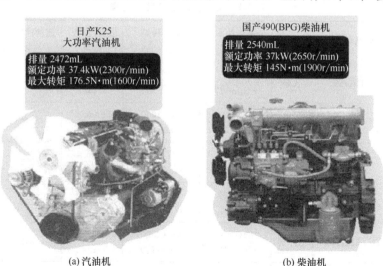

日产K25
大功率汽油机

排量 2472mL
额定功率 37.4kW(2300r/min)
最大转矩 176.5N·m(1600r/min)

国产490(BPG)柴油机

排量 2540mL
额定功率 37kW(2650r/min)
最大转矩 145N·m(1900r/min)

(a)汽油机   (b)柴油机

图 3-1　内燃叉车发动机

司的 A15、H20 和 H25 等型汽油机，五十铃公司的 FLB1、C240、4JG2 和 6BD1 等型柴油机，美国康明斯发动机公司的 A2300、Q9B4.5 和 B3.3-C65 型柴油机，韩国大宇公司的 DC24 型柴油机，日本马自达公司的 XA、HA 型柴油机，英国珀金斯发动机公司的 1004 型柴油机，意大利依维柯公司的 8061Si35 型柴油机，日本三菱公司的 6D16、6D22C 和 6D22TC 等型柴油机。目前，内燃叉车发动机正向专用化发展，如国产新昌系列 485BPG、490BPG、495BPG 和 498BPG 等型号。叉车发动机参数见表 3-1。

发动机根据活塞运动方式可分为往复活塞式和旋转活塞式；按工作行程可分为四冲程和二冲程；按所使用的燃料可分为汽油机和柴油机；按冷却方式可以分为水冷和风冷；按气缸排列形式可分为直列式、双列式和平卧对置式；按气缸数目可分为单缸式和多缸式；按燃料点火方式可分为点燃式和压燃式；按转速可分为高速内燃机（1000r/min 以上）、中速内燃机（600~1000r/min）和低速内燃机（600r/min 以下）。

表 3-1 叉车发动机参数一览表

发动机型号	制造商	额定功率/kW	最大转矩/(N·m)	缸径/缸数/排量	燃油消耗率/[g/(kW·h)]
CA498	大柴	45(2500 r/min 时)	190(1800 r/min 时)	98mm/4/3.168L	225
NC498	凯马	39(2500 r/min 时)	165(1800 r/min 时)	93mm/4/2.771L	230
C240	五十铃	34(2500 r/min 时)	137(1800 r/min 时)	86mm/4/2.369L	292
4JG2	五十铃	44(2450 r/min 时)	186(1700 r/min 时)	95mm/4/3.059L	265
6BG1	五十铃	82(2000 r/min 时)	416(1500 r/min 时)	105mm/6/6.494L	232
YC4A115Z-T20	玉柴	85(2200 r/min 时)	425(1450~1650 r/min 时)	108mm/4/4.836L	225

发动机型号	制造商	额定功率 /kW	最大转矩 /(N·m)	缸径/缸数/ 排量	燃油消耗率/ [g/(kW·h)]
YC6B125-T10	玉柴	92(2200 r/min 时)	463(1600 r/min 时)	108mm/6/ 6.781L	235
K21	日产	31(2250 r/min 时)	143(1600 r/min 时)	89mm/4/ 2.065L	288
K25	日产	37(2300 r/min 时)	176(1600 r/min 时)	89mm/4/ 2.488L	299
QC490GP	全柴	39(2650 r/min 时)	157(1980 r/min 时)	90mm/4/ 2.67L	235
4C5	全柴	45(2450 r/min 时)	200(1700 r/min 时)	95mm/4/ 3.26L	232
4C6	全柴	48(2450 r/min 时)	215(1700 r/min 时)	98mm/4/ 3.47L	232
QC4115G	全柴	83(2300 r/min 时)	410(1600～1800 r/min 时)	115mm/4/ 5.61L	225
1104C-44T	珀金斯	74.5(2200 r/min 时)	415(1350 r/min 时)	105mm/4/ 4.4L	—
LR4B3-22	东方红	57(2200 r/min 时)	274～286 (1300～1500 r/min 时)	108mm/4/ 4.578L	242

第一节　发动机的总体构造与工作原理

一、发动机的总体构造

内燃叉车发动机的基本原理相似，基本构造也大同小异。汽油机通常由两大机构和五大系统组成，即曲柄连杆机构、配气机构、燃料供给系统、润滑系统、冷却系统、点火系统和启动系统，如图

3-2（a）所示。柴油发动机的结构大体上与汽油机相同，但使用的燃料不同，混合气形成和点燃方式不同，没有化油器、分电器和火花塞，另设喷油泵和喷油器等，如图 3-2（b）所示。有的柴油机还装有废气涡轮增压器等。

二、发动机常用术语

发动机一般有八大常用术语，如图 3-3 所示。

（1）上止点 活塞顶离曲轴中心线最远的位置。

（2）下止点 活塞顶离曲轴中心线最近的位置。

（3）活塞行程（S） 上、下止点间的距离。

（4）气缸工作容积（V_h） 活塞由上止点移到下止点所扫过的容积。

（5）发动机工作容积（排量）（V_L） 发动机全部气缸工作容积之和。

（6）燃烧室容积（V_c） 活塞在上止点时其上方的容积。

（7）气缸总容积（V_a） 活塞在下止点时其上方的全部容积 $V_a = V_c + V_h$。

（8）压缩比（ε） 气缸总容积与燃烧室容积之比 $\varepsilon = V_a / V_c$。

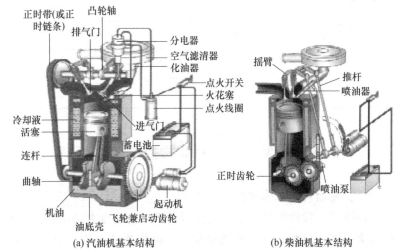

(a) 汽油机基本结构   (b) 柴油机基本结构

图 3-2 发动机的基本结构

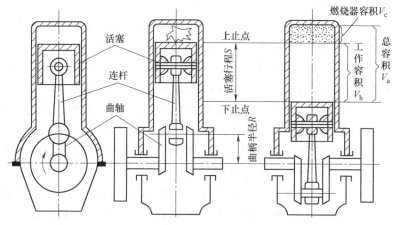

图 3-3 发动机常用术语示意图

三、发动机的工作原理

发动机的功能是将燃料在气缸内燃烧产生的热能转换为机械能，对外输出动力。能量转换过程是通过不断地依次反复进行"进气→压缩→做功→排气"四个连续过程来实现的，发动机气缸内进行的每一次将热能转换为机械能的过程称为一个工作循环。

在一个工作循环内，曲轴旋转两圈，活塞往复四个行程，称为四冲程发动机。

1. 四冲程柴油机工作原理

柴油机在吸入气缸内的空气被压缩产生高温、高压的情况下，将柴油直接喷入气缸，与经压缩后的高温、高压空气混合自燃产生热能。

四冲程柴油机的工作循环和汽油机一样，由进气、压缩、做功和排气四个行程组成。如图 3-4 所示。

（1）进气行程 如图 3-4（a）所示，与汽油机不同，进入柴油机气缸的是纯空气。活塞从上止点向下止点移动，进气门开启，排气门关闭。此时活塞上方容积增大，气缸内压力下降，经过滤后的空气通过进气道吸入气缸。活塞移动到下止点后，进气门关闭，进气行程结束。进气终了时，气缸内的气体压力为 80～95kPa，温度为 300～340℃。

（2）压缩行程 如图 3-4（b）所示，曲轴继续旋转，活塞由下止点向上止点运动，气缸内的纯空气被压缩到燃烧室，此时进、排气门均关闭。活塞到达上止点时，压缩行程结束。由于柴油发动机有较高的压缩比，一般为 16～22，因此在压缩过程中，柴油喷入气缸后能够迅速与空气形成可燃混合气，并能自行着火燃烧。压缩终了时，气缸内的气体压力可达 3430～4410kPa，同时温度可达 500～700℃，远远超过柴油的自燃温度（当环境压力为 2940kPa 时，柴油的自燃温度约为 200℃）。

（3）做功行程 如图 3-4（c）所示，压缩行程接近终了，活塞到达上止点前，柴油经喷油泵把油压提高到 9800kPa 以上，经喷油器呈雾状喷入燃烧室，迅速与高温高压空气形成可燃混合气，立即自行着火燃烧，气缸内的气体压力和温度急骤上升，推动活塞下行做功。此时，气缸内的最高压力可达 4950～9800kPa，最高温度可达 1700～2000℃。随着活塞向下运动，活塞上方容积增大，气体压力和温度也随之降低。活塞行至下止点时做功行程结束。此时气体压力为 294～392kPa，气体温度为 800～900℃。

（4）排气行程 如图 3-4（d）所示，在做功行程接近终了时，排气门开启，靠燃烧后的废气压力进行自由排气。活塞由下止点向上止点运动，继续将废气强制排到大气中去，活塞到达上止点，排气门关闭，排气行程结束。排气终了时，废气压力为 102.9～122.5kPa，废气温度为 400～700℃。

由四冲程柴油机的工作循环可得出如下结论。

（1）四个行程中只有做功行程产生动力，是主要行程。其余三个行程均要消耗能量，是辅助行程，但同时又是不可缺少的。

（2）发动机每完成一个工作循环时，曲轴旋转两圈（720°），每一个行程曲轴旋转半圈（180°），进气行程时进气门开启，排气行程时排气门开启，其余两个行程中进、排气门均关闭。

（3）柴油机启动时，需要外力使曲轴旋转，以完成进气、压缩行程，做功行程完成后，曲轴和飞轮利用储存的能量，使柴油机的

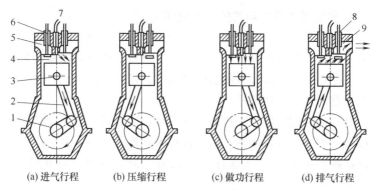

(a) 进气行程　　(b) 压缩行程　　(c) 做功行程　　(d) 排气行程

图 3-4　四冲程柴油机工作循环示意图

1—曲轴；2—连杆；3—活塞；4—气缸；5—进气道；

6—进气门；7—喷油器；8—排气门；9—排气道

工作循环继续下去。

2. 汽油机与柴油机对比

汽油机与柴油机的基本性能对比见表 3-2。

表 3-2　汽油机与柴油机的基本性能对比

比较项目	汽油机	柴油机
燃料	汽油	柴油
混合气形成方式	多为缸外	缸内
点火方式	点燃式	压燃式
热效率	30%左右	40%左右
燃油消耗率	高	低
升功率	大	小
转速	高	低
工作平稳性	柔和	粗暴
启动性	易	难
排放	CO、HC 多，NO_x、碳烟少	CO、HC 少，NO_x、碳烟多
结构	体积小、重量轻，紧凑	体积大、重量大，不紧凑
制造成本	低	高
使用寿命	短	长

3. 多缸四冲程发动机的工作循环

多缸（两个或两个以上）发动机的各缸活塞连杆组件都连在一根曲轴上。为使发动机运转平稳，必须把每缸的做功行程均匀分布在完成一个工作循环所需的曲轴转角内，通常把发动机各气缸的做功顺序称为气缸工作顺序。

（1）四缸四冲程发动机的工作循环 四缸四冲程发动机的气缸一般排列成一直线，曲轴上四个连杆轴颈配置在一个平面内，1、4连杆轴颈在一方，2、3连杆轴颈在另一方，两个方向互成180°，如图3-5所示。

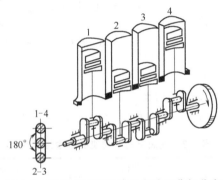

图 3-5 直列式四缸四冲程发动机曲拐分布

四缸四冲程发动机在曲轴每转两圈时，各缸内部做功（燃烧膨胀）一次，也就是曲轴转半圈就有一个气缸做功，因此它的工作比单缸发动机平稳得多。四缸四冲程发动机的做功间隔角为720°/4＝180°；工作顺序为1-3-4-2或1-2-4-3。工作循环情况见表3-3。

表 3-3 四缸四冲程发动机工作循环情况

曲轴转角	1 缸	2 缸	3 缸	4 缸
0°～180°	做功	压缩	排气	进气
180°～360°	排气	做功	进气	压缩
360°～540°	进气	排气	压缩	做功
540°～720°	压缩	进气	做功	排气

注：工作顺序 1-2-4-3。

（2）六缸四冲程发动机的工作循环　六缸四冲程发动机的气缸多数排列成一直线。曲轴连杆轴颈多数按下述方式排列：面对曲轴前端，1、6连杆轴颈在上面，2、5连杆轴颈偏左面，3、4连杆轴颈偏右面，三个方向互成120°，如图3-6所示。

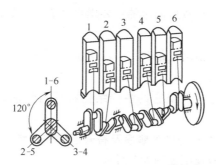

图 3-6　直列式六缸四冲程发动机曲拐分布

对于六缸四冲程发动机，曲轴每转动两圈，不但各缸内部做功一次，且产生部分重叠，因此它运转的平稳性比四缸四冲程发动机又有所增强。六缸四冲程发动机的做功间隔角为720°/6＝120°；工作顺序为1-5-3-6-2-4。工作循环情况见表3-4。

表 3-4　六缸四冲程发动机工作循环情况

曲轴转角	1缸	2缸	3缸	4缸	5缸	6缸
0°～60°	进气	压缩	做功	进气	排气	做功
60°～120°	进气	压缩	做功	进气	排气	做功
120°～180°	进气	做功	排气	压缩	进气	排气
180°～240°	压缩	做功	排气	压缩	进气	排气
240°～300°	压缩	做功	进气	做功	进气	排气
300°～360°	压缩	排气	进气	做功	压缩	进气
360°～420°	做功	排气	进气	做功	压缩	进气
420°～480°	做功	排气	压缩	排气	做功	进气
480°～540°	做功	进气	压缩	排气	做功	压缩
540°～600°	排气	进气	做功	进气	做功	压缩
600°～660°	排气	压缩	做功	进气	排气	压缩
660°～720°	排气	压缩	做功	进气	排气	压缩

注：工作顺序1-5-3-6-2-4。

四、发动机的编号

1. 内燃机的名称和型号

我国 2008 年修订的《内燃机产品名称和型号编制规则》（GB/T725—2008）内容如下。

内燃机名称均按所使用的主要燃料命名，例如汽油机、柴油机和煤气机等。

内燃机型号由阿拉伯数字、汉语拼音的首字母或国际通用的英文缩略字母组成。

内燃机型号应反映它的主要结构特征与性能，一般由四部分组成。

2. 内燃机型号的排列顺序及符号所代表的意义

内燃机编号规则如图 3-7 所示。

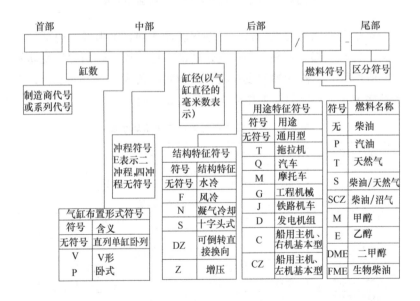

图 3-7　内燃机编号规则

举例：CPC15 型叉车的发动机是新星牌 480 型柴油机，表示四缸、四冲程、缸径 80mm、水冷、通用式。

有的新增结构特征未列举，如新昌 490BPG 等系列发动机是专为叉车生产的，表示四缸、四冲程、缸径 90mm、水冷、液压泵、直接喷射、工程机械专用。其中 BP 属新增结构，表示发动机配有液压泵和直接喷射装置。

第二节　曲柄连杆机构

曲柄连杆机构是输出动力的机构，主要由缸体曲轴箱组、活塞连杆组和曲轴飞轮组三部分组成。它通常具有高温、高压和高速运动的特点，其工作是否正常，将直接影响内燃机的功率、经济性和工作可靠性。

一、缸体曲轴箱组

缸体曲轴箱组主要包括气缸体、气缸盖、燃烧室、气缸衬垫、曲轴箱等。

1. 气缸体

水冷发动机的气缸体通常与上曲轴箱铸成一体，是发动机的主体骨架，如图 3-8 所示。气缸体中的圆筒称为气缸。为了提高气缸的耐磨性，延长发动机的使用寿命，在气缸内常镶有气缸套。气缸套有干式和湿式两种。外表面直接和冷却液接触的气缸套称为湿式气缸套，外表面不直接与冷却液接触的气缸套，称为干式气缸套，如图 3-9 所示。

（1）气缸体的结构形式　主要有一般式、龙门式和隧道式三种。曲轴轴线与上曲轴箱下表面在同一平面的称为一般式气缸体；上曲轴箱下表面在曲轴轴线以下的称为龙门式气缸体；气缸体可以安装滚柱轴承支承曲轴的称为隧道式气缸体，如图 3-10 所示。

（2）气缸的排列形式　多缸发动机主要有直列（单列）、双列（V 形）和对置（平卧）三种排列形式，如图 3-11 所示。

2. 气缸盖

（1）气缸盖的功用　密封气缸上部，并与活塞顶部和气缸壁一起构成燃烧室，如图 3-12 所示。

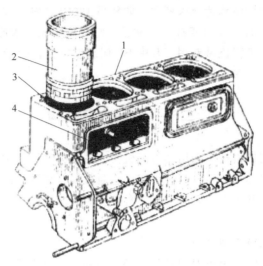

图 3-8　气缸体和上曲轴箱

1—气缸体；2—气缸套（湿式）；3—封闭环；4—气门室

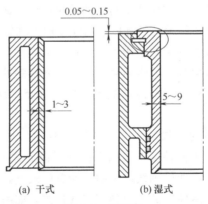

(a) 干式　　　　(b) 湿式

图 3-9　气缸套

（2）气缸盖的结构　包括水套（水冷）或散热片（风冷）、燃烧室及进排气通道、火花塞座孔（汽油机）或喷油器座孔（柴油机设有与缸体密封的平面），以及安装气阀装置和其他零部件的定位面及润滑油道等。气缸盖有整体式、分块式和单体式。

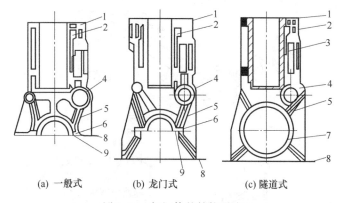

(a) 一般式　　　(b) 龙门式　　　(c) 隧道式

图 3-10　气缸体的结构形式

1—气缸体；2—水套；3—湿式气缸套；4—凸轮轴轴承座；5—加强肋；6—主轴承座；
7—主轴承座孔；8—安装油底壳平面；9—安装主轴承盖平面

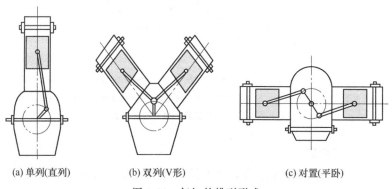

(a) 单列(直列)　　　(b) 双列(V形)　　　(c) 对置(平卧)

图 3-11　气缸的排列形式

（3）气缸盖的安装　应按由中央向四周的顺序紧固螺栓，按规定力矩分 2～3 次紧固。对于铸铁缸盖，在冷车紧固好后热车时再检查紧固一次，而铝合金缸盖冷车时紧固一次即可。

3. 气缸衬垫

气缸衬垫用以保证接合面的密封，防止漏气、漏水与窜油，安装在气缸盖与气缸体之间。目前应用较多的是金属-石棉气缸衬垫。国外一些发动机采用耐热密封胶取代传统的气缸衬垫。

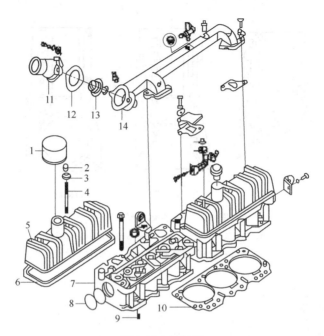

图 3-12 气缸盖

1—曲轴箱通风空气滤清器；2—盖形螺母；3—密封垫；4—螺柱；5—前缸盖罩；
6—密封条；7—气缸盖；8—密封圈；9—定位销；10—盖形垫片；11—节温器罩；
12—衬垫；13—节温器；14—缸盖出水管

4. 下曲轴箱

　　下曲轴箱俗称油底壳，主要用于储存机油并密封上曲轴箱，同时也可起到机油散热作用。油底壳深处有放油螺塞（有的带有磁性，以吸附金属屑）；油底壳内还设有挡油板，防止油面波动太大，如图 3-13 所示。

5. 油尺和机油压力表

　　油尺用来检查油底壳内的油量和油面高度。它是一根金属杆，下端制成扁平状，并有刻线。车辆行驶过程中机油会消耗，为使发动机正常运转，务必定期检查机油油面高度。检查机油油面高度时，必须将车停在水平路面上，在启动前或发动机停止工作约

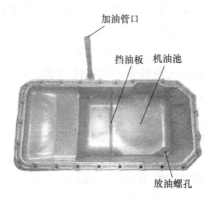

加油管口

挡油板　机油池

放油螺孔

图 3-13　叉车油底壳

15min 后进行。关闭发动机后等待车温降下，机油全部流回油底壳后拔出油尺，用干净布擦去油迹，重新将其插入，再次拔出即可准确测得机油油面高度。机油油面必须处于油尺上、下刻线之间。如果油量低于下刻线则应补充；如果油污染过重或有杂物混进，则必须更换新油，注入新油不能超过上刻线。

机油压力表用于指示发动机工作时润滑系统中的机油压力。一般采用电热式机油压力表，它由油压表和传感器组成，中间用导线连接。传感器装在粗滤器或主油道上，将测得的机油压力传给油压表。油压表装在驾驶室内的仪表板上，用于显示机油压力值。

二、活塞连杆组

活塞连杆组由活塞、活塞环、活塞销和连杆组成，如图 3-14 所示。

1. 活塞

活塞的功用是承受气缸内的气体压力，并通过活塞销和连杆传给曲轴。活塞直接承受高温、高压气体的作用，并进行不等速的高速往复运动。活塞由顶部、头部和裙部三部分组成，活塞顶部一般有平顶、凸顶和凹顶三种。活塞顶部与缸盖及缸壁共同构成燃烧室。

2. 活塞环

活塞环分为气环和油环。一般发动机每个活塞上装有 2～3 道气环和 1～2 道油环。活塞环留有端隙、侧隙和背隙，简称"三隙"，用于防止其受热膨胀卡死在缸内或胀死在槽内。

（1）气环的作用 保证活塞与缸壁间的密封，防止气缸中的高温、高压燃气大量漏入曲轴箱，同时使活塞顶部的大部分热量传递给缸壁，由冷却液带走。常见的有矩形环、扭曲环、锥面环、梯形环和桶面环。

（2）油环的作用 用来刮除缸壁上多余的机油，并在缸壁上涂覆一层均匀的机油膜，这样既可防止机油窜入气缸燃烧，又可减小活塞、活塞环与缸壁的摩擦阻力。此外，油环还有辅助密封作用。油环有普通油环和组合油环两种。

3. 活塞销

（1）作用 连接活塞与连杆小头，将活塞承受的气体作用力传给连杆。

（2）连接方式 分全浮式和半浮式两种，如图 3-15 所示。

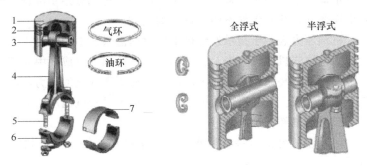

图 3-14 活塞连杆组　　　　图 3-15 活塞销的连接方式

1—活塞；2—活塞环；3—活塞销；4—连杆；

5—连杆螺栓；6—连杆盖；7—连杆瓦

全浮式连接指在发动机运转过程中，活塞销不仅可以在连杆小端衬套孔内转动，还可以在销座孔内缓慢地转动，使活塞销各部分的磨损均匀。叉车多采用全浮式连接方式。

半浮式连接指活塞销固定在连杆小端孔内，只可以在销座孔内缓慢地转动，与连杆小头没有相对运动，此种连接的连杆小端孔内无衬套。

4．连杆

（1）功用　将活塞承受的力传给曲轴，并使活塞的往复直线运动转变为曲轴的旋转运动。

（2）组成　包括小端、杆身和大端三部分。

小端与活塞销相连，工作时与销之间有相对转动，因此小端孔中一般压入减摩的青铜衬套。为了润滑，在小端和衬套上钻出集油孔或铣出集油槽，用来收集发动机运转时被曲轴激溅上来的机油。有的发动机连杆采用小端压力润滑，在杆身内钻有纵向的压力油通道。

连杆杆身通常做成工字形断面，以求在强度和刚度足够的前提下减轻重量。

连杆大端与曲轴的曲柄销相连，一般做成剖分式，被分开的部分称为连杆盖，由特制的连杆螺栓紧固在连杆大端上，连杆盖与连杆大端采用组合镗孔。为防止装配时配对错误，在同一侧刻有配对记号。安装在连杆大端孔中的连杆轴瓦是剖分成两半的滑动轴承。轴瓦在厚 1～3mm 的薄钢背内圆面上浇铸有 0.3～0.7mm 厚的减摩合金层。减摩合金具有保持油膜、减少磨损和加速磨合的作用。

三、曲轴飞轮组

曲轴飞轮组主要由曲轴、飞轮和附件组成，如图 3-16 所示。

1．曲轴

（1）功用　把活塞连杆组传来的气体作用力转变为力矩，以驱动配气机构及其他辅助装置。

（2）组成　主要包括曲轴的前端、若干个曲拐和曲轴的后端（功率输出端）三部分。曲轴一般采用优质中碳钢或中碳合金钢锻制，轴颈表面经淬火或渗氮处理。

曲轴前端装有驱动凸轮轴的正时齿轮、驱动风扇、水泵的传动带轮及启动爪等。

曲轴轴颈是曲轴的支承点和旋转轴线。曲轴臂起着连接主轴颈和连杆轴颈的作用。曲轴的平衡重用来平衡旋转形成的惯性力。

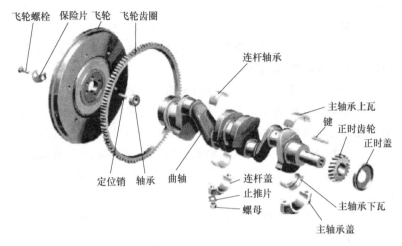

飞轮螺栓 保险片 飞轮 飞轮齿圈

连杆轴承

主轴承上瓦

键 正时齿轮

正时盖

定位销 轴承 曲轴

连杆盖

止推片

螺母

主轴承下瓦

主轴承盖

图 3-16 曲轴飞轮组

曲轴后端有安装飞轮用的凸缘。

为限制曲轴的轴向移动，防止曲轴因受到离合器施加于飞轮的轴向力及其他力的作用而产生轴向窜动，破坏曲柄连杆机构各零件的相对位置，用止推片加以限制，即进行轴向定位。为防止机油沿曲轴轴颈外漏，在曲轴前端、后端装有挡油盘、油封及回油螺纹等封油装置。

2. 飞轮

（1）作用 将在做功行程中输入曲轴的一部分动能储存起来，用以在其他行程中克服阻力，带动曲柄连杆机构经过上、下止点，保证曲轴的旋转角速度和输出转矩尽可能均匀，并使发动机有可能克服短时间的超载。此外在结构上，飞轮往往是传动系统中摩擦离合器的驱动件。

（2）构造 飞轮是由铸铁制成的圆盘，外缘上压有齿，可与起动机的驱动齿轮啮合，用于启动发动机，安装在曲轴后端。飞轮上通常刻有点火正时记号，以便检验和调整点火时刻及气门间隙。多缸发动机的飞轮与曲轴一起进行动平衡校验，拆装时为保证它们的平衡状态不受破坏，飞轮与曲轴之间由定位销或不对称螺栓定位。

第三节 配 气 机 构

一、配气机构简介

1. 配气机构的功用

配气机构是进气和排气的控制机构。它按照发动机各缸的做功顺序和每一缸工作循环的要求，定时地开启和关闭各气缸的进、排气门，使可燃混合气（汽油机）或空气（柴油机）及时进入气缸，并将废气及时排出气缸。

2. 配气机构的组成

配气机构由气门组和气门传动组组成，如图 3-17 所示。

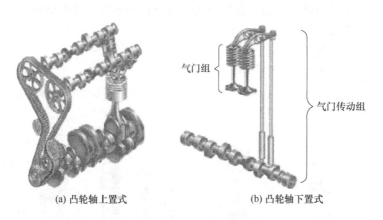

(a) 凸轮轴上置式   (b) 凸轮轴下置式

图 3-17　配气机构的组成

3. 配气机构的分类

按气门的安装位置，可分为顶置气门式和侧置气门式两种基本形式，目前叉车发动机均采用顶置气门式配气机构。

按凸轮轴布置位置，可分为凸轮轴下置式、凸轮轴中置式和凸轮轴上置式。

按凸轮轴传动方式，可分为齿轮传动式、链传动式和带传动式。

按气门驱动形式,可分为摇臂驱动式、摆臂驱动式和直接驱动式。

按每缸气门数,可分为两气门式和多气门式。

4. 配气机构的工作原理

曲轴通过正时齿轮驱动凸轮轴转动。四冲程发动机每完成一个工作循环,曲轴旋转两圈,各缸的进、排气门各开启一次,此时凸轮轴只旋转一圈。因此,曲轴与凸轮轴的传动比为 2∶1。

凸轮轴在转动过程中,凸轮基圆部分与挺柱接触时,挺柱不升高。当凸轮的凸起部分与挺柱接触时,将挺柱顶起,通过推杆和调整螺钉使摇臂绕轴摆动,压缩气门弹簧,使气门离座,气门开启。当凸轮的凸起最高点与挺柱接触时,气门开启最大,转过该点后,气门在气门弹簧作用下开始关闭,当凸轮凸起部分离开挺柱时,气门完全关闭。

二、气门组

1. 组成

气门组主要包括气门、气门弹簧、气门座及气门导管等零件,如图 3-18 所示。

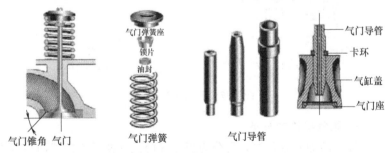

图 3-18 气门组

(1) 气门 由头部和杆部组成。

气门头部工作温度很高(进气门可达 570~670℃,排气门可达 1050~1200℃),还要承受气体压力及气门弹簧张力和运动惯性力,同时冷却和润滑条件差。因此,对气门的结构和性能要求很高。进气门常采用合金钢（铬钢或镍铬钢等）制造，排气门则采用耐热合金钢（硅铬钢等）制造。

进气门锥角一般为30°，排气门锥角一般为45°。多数发动机进气门的头部直径做得比排气门大。为保证气门头部与气门座良好密合，装配前应将两者的密封锥面互相研磨，研磨好的气门不能互换。

（2）气门导管 保证气门做往复运动时，气门与气门座能正确密合。气门杆与导管之间一般留有0.05～0.12mm的间隙。

（3）气门弹簧 多为圆柱形螺旋弹簧，材料为高碳钢等冷拔钢丝。为防止弹簧发生共振，可采用变螺距的圆柱弹簧或双弹簧。

2. 功用

气门的功用是保证气缸的密封。要求气门头部与气门座贴合严密，气门导管有良好的导向性，气门弹簧上、下端面与气门杆中心线垂直，气门弹簧有适当的弹力。

三、气门传动组

1. 组成

气门传动组主要包括凸轮轴、正时齿轮、挺杆及其导管，如图3-19所示。气门顶置式配气机构中有的还有推杆、摇臂和摇臂轴等，如图3-19（a）所示。

2. 功用

气门传动组的功用是使进、排气门能按照配气相位规定的时刻开闭，并保证有足够的开度。凸轮轴上主要配置有各缸进、排气凸轮，使气门按一定的工作顺序和配气相位顺序开闭，并保证气门有足够的升程，如图3-19（b）所示。

在装配曲轴和凸轮轴时，必须将正时记号对准，以保证正确的配气相位和点火时刻。

四、气门间隙

1. 定义

气门间隙是指气门处于完全关闭状态时，气门杆尾端与摇臂（或挺柱、凸轮）之间的间隙。

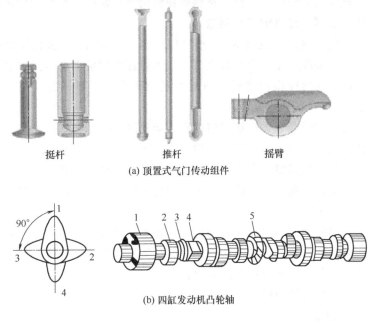

挺杆   推杆   摇臂

(a) 顶置式气门传动组件

(b) 四缸发动机凸轮轴

图 3-19 气门传动组

1—凸轮轴轴颈；2，4—凸轮；3—偏心轮；5—齿轮

2. 功用

气门间隙是给配气机构零件受热膨胀时留出的余量，保证气门密封。

3. 分类

气门间隙分热态间隙与冷态间隙两种。前者是发动机达到正常工作温度后停车检查调整的数据；后者是发动机在常温条件下检查调整的数据。一般在冷态时，进气门间隙为 0.25~0.30mm，排气门间隙为 0.30~0.35mm。采用液力挺柱的配气机构，由于液力挺柱的长度能自动调整，随时补偿气门的热膨胀量，故不需留气门间隙。

4. 调整

正常的气门间隙，会因配气机构机件磨损而发生变化，气门间隙过大或过小都会影响发动机的正常工作。为对气门间隙进行调整，在摇臂上装有调整螺钉及其锁紧螺母，如图 3-20 所示。

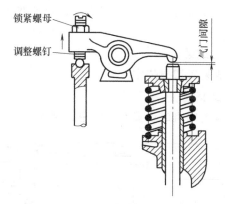

锁紧螺母

调整螺钉

气门间隙

图 3-20 气门间隙

第四节 柴油机燃料供给系统

燃料供给系统是柴油发动机的重要组成部分，也是其区别于汽油发动机的基本结构。燃料供给系统对整机的动力性、经济性、可靠性和耐久性都有较大影响。由于柴油价格低廉、产生的污染轻，目前内燃叉车广泛采用柴油发动机。

一、功用

完成柴油的储存、滤清和输送工作，并按照柴油机不同工况的要求，定时、定量、定压地将柴油喷入燃烧室，使其与空气迅速而良好地混合后燃烧。

二、组成

柴油机燃料供给系统由燃料供给装置、空气供给装置、混合气形成装置和废气排出装置四部分组成。

1. 燃料供给装置

燃料供给装置的组成主要有柴油箱、输油泵、柴油滤清器、低压油管、喷油泵、高压油管、喷油器和回油管等，如图 3-21 所示。

2. 空气供给装置

空气供给装置的组成主要有空气滤清器、进气管及进气道等。柳工叉车采用双空滤结构，进气阻力小，过滤灰尘和杂质的效果好，如图 3-22 所示。

3. 混合气形成装置

混合气形成装置即燃烧室。

4. 废气排出装置

废气排出装置的组成主要有排气道、排气管及排气消声器等。

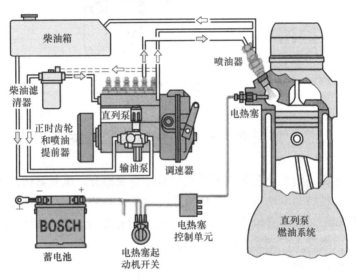

图 3-21　燃料供给装置

图 3-22　空气供给装置

三、油路

1. 低压油路

低压油路是指从柴油箱到喷油泵入口这段油路，其油压是由输油泵建立的，一般为 150~300kPa。

2. 高压油路

高压油路是指从喷油泵到喷油器这段油路，其油压是由喷油泵建立的，一般在 1000kPa 以上。

3. 回油路

由于输油泵的供油量比喷油泵的出油量大（3~4 倍），大量多余的柴油经回油管流回输油泵的进口或直接流回柴油箱。

发动机工作时，输油泵将燃油从柴油箱中吸出，经粗滤器滤去微小杂质，然后送入喷油泵。喷油泵将部分燃油增至高压，经高压油管和喷油器喷入燃烧室，多余的燃油从喷油泵或燃油滤清器上的限压阀经回油管流回柴油箱。

四、混合气的形成与燃烧室

1. 柴油机混合气形成特点

（1）柴油与空气是分别进入气缸的，因此混合气是在燃烧室内形成的。

（2）柴油机开始喷油后经过 0.001~0.003s 便开始燃烧，随后边喷油、边混合、边燃烧，混合气形成的时间非常短。

（3）由于混合气形成时间短，喷油又有一定的延续时间，混合气浓度在燃烧室内各处是不均的。

2. 柴油机混合气形成方法

（1）空间混合　利用高压喷射使柴油雾化成颗粒并均匀分布在燃烧室内，与压缩的空气混合，形成可燃混合气。

（2）表面蒸发混合　喷油器喷注与旋转的空气涡流运动配合，将柴油以油膜状态分布在燃烧室壁上，通过控制壁面最佳温度，借助空气涡流运动，使油膜迅速蒸发与空气混合，形成可燃混合气。

（3）空间、表面混合　将一部分燃料喷入燃烧室空间形成混合气，一部分燃料喷在燃烧室壁上形成油膜，以表面蒸发的形式形成可燃混合气。

3. 柴油机燃烧室

当活塞到达上止点时，气缸盖和活塞顶组成的密闭空间称为燃烧室。柴油机的燃烧室结构比较复杂，按结构形式可分为两大类。

（1）统一式（又称直喷式）燃烧室 由凹形的活塞顶面及气缸壁直接与气缸盖底面包围形成单一内腔的一种燃烧室。采用这种燃烧室时，柴油直接喷射到燃烧室中，故又称直接喷射式（直喷式）燃烧室，主要有 ω 形、球形和 U 形等形式。目前国内新生产的叉车发动机大多采用这种形式，如国产新昌 490BPG、495BPG 和 LD495G 型柴油发动机等，如图 3-23 所示。

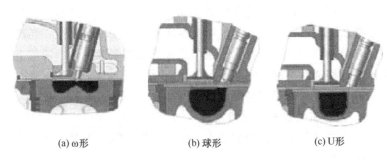

(a) ω形　　　　　(b) 球形　　　　　(c) U形

图 3-23 统一式燃烧室

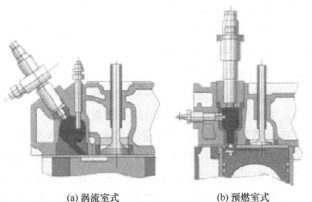

(a) 涡流室式　　　　　(b) 预燃室式

图 3-24 分隔式燃烧室

（2）分隔式燃烧室 由活塞顶和缸盖底之间的主燃烧室与设在气缸盖的副燃烧室两部分组成。主、副燃烧室间用一个或几个通道相连，常见的有涡流室式燃烧室和预燃室式燃烧室两种，如图 3-24 所示。

（3）燃烧室对比 柴油机各类燃烧室对比见表 3-5。

表 3-5 柴油机各类燃烧室对比

燃烧室形式	统一式			分隔式	
	ω 形	球形	U 形	涡流室式	预燃室式
混合气形成方式	空间雾化为主	油膜蒸发	油膜蒸发	空间雾化为主	空间雾化
空气运动	进气涡流较强	进气涡流最强	进气涡流	压缩涡流	燃烧涡流
燃料雾化	要求较高	一般	要求较低	要求较低	要求低
喷油嘴	多孔 3～4	单孔或双孔	轴针式	轴针式	轴针式
喷油压力/(kgf/cm²)	175～250	170～190	120	100～140	80～120
启动	较易	难	较易	难	最难
工作状况	粗暴	柔和	柔和	柔和	柔和

注：1kgf/cm² = 98.0665kPa。

五、主要部件

1. 喷油器

喷油器的功用是将燃油雾化成细微颗粒，并根据燃烧室的形状，把燃油合理地分布到燃烧室内，与空气混合成可燃混合气。喷油器可分为开式和闭式两种类型，目前柴油机多采用闭式喷油器。闭式喷油器又分为孔式和轴针式两类，孔式喷油器多用于统一式燃烧室，轴针式喷油器多用于分隔式燃烧室。

（1）孔式喷油器 由喷油嘴、喷油器体和调压装置三部分组成。喷孔的数量一般为 1～8 个，喷孔直径为 0.2～0.8mm，如图 3-25 所示。

① 构造。喷油嘴由针阀和针阀体组成。针阀下端有一圆锥面与阀体下端的环形锥面共同起密封作用，用于切断或打开高压油腔和燃烧室的通路。调压装置由调压弹簧、垫圈、调压螺钉、锁紧螺母和推杆等组成。为使多缸柴油机各缸喷油器工作一致，应采用长度相同的高压油管。

② 工作过程。

a. 喷油：喷油泵开始供油时，高压柴油从进油口进入喷油器体内，沿油道进入喷油器阀体环形槽内，再经斜油道进入针阀体下面的高压油腔内；高压柴油作用在针阀锥面上，并产生向上抬起针阀的作用力；当此力克服调压弹簧的预紧力后，针阀向上升起，打开喷油孔，柴油经喷油孔喷入燃烧室。

b. 停油：当喷油泵停止供油时（由于减压环带的减压作用，出油阀在弹簧作用下落座），高压油腔内油压骤然下降，作用在喷油器针阀的锥形承压面上的推力迅速下降，在弹簧的弹力作用下，针阀迅速关闭喷孔，停止喷油。

（2）轴针式喷油器　与孔式喷油器相比，轴针式喷油器只是针阀偶件不同。针阀形状可以是侧锥形或圆柱形，轴针伸出喷孔外，形成一个圆环状的喷孔，直径为 1~3mm。轴针和孔壁的径向间隙为 0.02~0.06mm，喷注的形状是空心的柱状或呈扩散的锥形，以配合燃烧室的形状，如图 3-26 所示。

2. 喷油泵

喷油泵又称高压油泵。

（1）作用　将输油泵提供的柴油压力升高到一定值，并按照柴油机的各种工况要求，定时、定量地将高压燃油送至喷油器。

（2）分类　按结构形式不同主要分为柱塞式喷油泵、喷油器喷油泵、转子分配式喷油泵和电控单体泵组合泵四类。国产系列柱塞泵主要有 A、B、P、Z 和Ⅰ、Ⅱ、Ⅲ号等。目前，国产叉车柴油机大多采用柱塞式喷油泵，为满足国家对非道路柴油机排放和噪声的要求，部分采用电控单体泵组合泵，进口发动机多使用转子分配式喷油泵。国产中、小吨位叉车多采用Ⅰ号喷油泵，如图 3-27 所示。

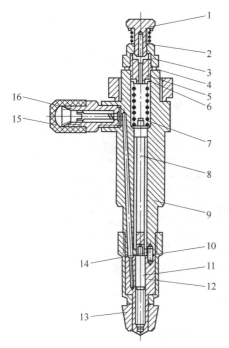
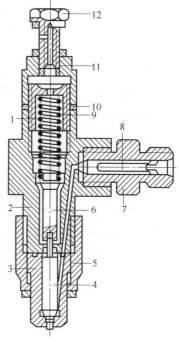

图 3-25 孔式喷油器

1—回油管螺栓；2—回油管衬垫；3—调压螺钉
锁紧螺母；4—调压螺钉垫圈；5—调压螺钉；
6—调压弹簧垫圈；7—调压弹簧；8—推杆；
9—壳体；10—喷油器偶件紧固螺套；
11—针阀；12—针阀体；13—密封铜锥体；
14—定位销；15—护盖；16—进油管接头

图 3-26 轴针式喷油器

1—调压弹簧；2—喷油器体；3—针阀
体；4—针阀；5—紧固螺母；6—顶杆；
7—进油管接头；8—滤芯；9—调压
螺钉；10—垫圈；11—锁紧螺母；
12—回油管接头

（3）组成 柱塞式喷油泵由泵体、泵油机构、油量调节机构和传动机构四大部分组成。它利用柱塞在柱塞套筒内往复运动完成吸油和压油，每副柱塞和柱塞套筒只向一个气缸供油。多缸发动机的每组泵油机构称为喷油泵的分泵，每组分泵分别向各自对应的气缸供油，如图 3-28 所示。

① 泵油机构。其主要由柱塞偶件（柱塞和柱塞套筒）、出油阀偶件（出油阀和阀座）、柱塞弹簧和出油阀弹簧等组成。柱塞下端

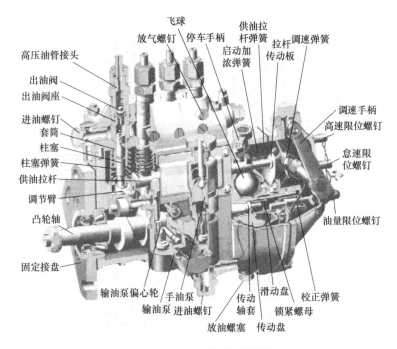

图 3-27 国产 I 号喷油泵结构

固定有调节臂，用以调节柱塞与柱塞套筒相对位置。

柱塞弹簧上端支撑在泵体上，下端通过弹簧座将柱塞推向下方，使柱塞下端压紧在滚轮体中的垫块上，从而使滚轮与驱动凸轮保持接触。柱塞偶件上部安装出油阀偶件，出油阀弹簧由压紧座压紧，使出油阀压在阀座上。

柱塞套筒由定位销钉固定，防止周向转动。柱塞调节臂安装在调节叉中，操纵供油拉杆可使柱塞在一定角度内绕本身轴线转动。

出油阀偶件由出油阀体和出油阀座组成，出油阀体头部有密封锥面，尾部铣出四个三角形槽，中间有一环形减压带。出油阀体被弹簧压紧在出油阀座上，两者经高精度研磨配合，不能互换。出油阀座中还装有一个减容器，作用是减少高压油腔的容积，同时限制出油阀的最大升程。

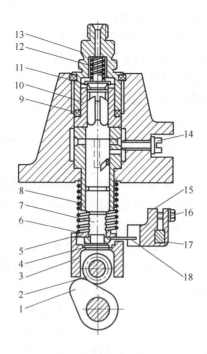

图 3-28　柱塞式喷油泵分泵结构示意图

1—凸轮；2—滚轮；3—滚轮体；4—滚轮体垫块；5—柱塞弹簧座；6—柱塞弹簧；

7—柱塞；8—柱塞套筒；9—垫片；10—出油阀座；11—出油阀体；

12—出油阀弹簧；13—出油阀压紧座；14—定位销钉；15—调节叉；

16—夹紧螺钉；17—供油拉杆；18—调节臂

② 油量调节机构。其作用是在柱塞往复运动的同时使柱塞转动，以改变柱塞的有效行程，进而改变供油量，并使各缸供油量一致。

③ 传动机构。其由凸轮轴和滚轮体总成组成。凸轮轴由柴油机的曲轴通过正时齿轮驱动，带有衬套的滚轮可以在滚轮销上转动，滚轮销装在滚轮架的座孔中。曲轴转两圈，各缸喷油一次，凸轮轴只需转一圈就喷油一次，两者传动比为 2∶1。滚轮架外形是一个圆柱体，能在泵体的圆孔中进行相应的往复运动，其上部装有

调整垫块，以支撑喷油泵柱塞。

喷油泵供油的时刻决定喷油器喷油的时刻，喷油提前角的调整是通过对喷油泵的供油提前角的调整实现的。

(4) 泵油原理 柱塞式喷油泵工作时，在喷油泵凸轮轴上的凸轮与柱塞弹簧的作用下，迫使柱塞上下往复运动，从而完成泵油，泵油过程可分为以下三个阶段。

① 进油过程：凸轮的凸起部分转过后，在弹簧的弹力作用下，柱塞向下运动，柱塞上部空间（称为泵油室）产生真空度；当柱塞上端面把柱塞套筒上的进油孔打开后，充满在油泵上体油道内的柴油经油孔进入泵油室，柱塞运动到下止点，进油结束。

② 供油过程：当凸轮轴转到凸轮的凸起部分顶起滚轮体时，柱塞弹簧被压缩，柱塞向上运动，燃油受压，一部分燃油经油孔流回喷油泵上体油腔；当柱塞顶面遮住套筒进油孔的上缘时，由于柱塞和套筒的配合间隙很小（0.0015～0.0025mm），使柱塞顶部的泵油室成为一个密封油腔，柱塞继续上升，泵油室内的油压迅速升高；当泵油压力大于出油阀弹簧的弹力与高压油管剩余压力之和时，推开出油阀，高压柴油经出油阀进入高压油管，通过喷油器喷入燃烧室。

③ 回油过程：柱塞向上供油，当上行到柱塞上的斜槽（停供边）与套筒回油孔相通时，泵油室低压油路便与柱塞头部的中孔和径向孔及斜槽连通，油压迅速下降，出油阀在弹簧的弹力作用下迅速关闭，停止供油；此后柱塞还要上行，凸轮的凸起部分转过后，在弹簧的弹力作用下，柱塞又下行，此时开始下一循环。

(5) 国产系列喷油泵对比 国产叉车柴油机常用的国产系列喷油泵的主要结构参数见表 3-6。

表 3-6 国产系列喷油泵的主要结构参数

主要结构参数	Ⅰ号系列	Ⅱ号系列	Ⅲ号系列
凸轮升程/mm	7	8	10
柱塞直径范围/mm	5～9	7～11	9～13

续表

主要结构参数	Ⅰ号系列	Ⅱ号系列	Ⅲ号系列
最大循环供油量/mL	150	180	480
最高使用转速/(r/min)	2000	1500	1000
分泵之间中心距/mm	25	32	38
凸轮基圆直径/mm	24	28	36
挺杆直径/mm	22	26	36
分泵数	2、3、4、6	2、4、6、8	4、6、8
适用柴油发动机缸径范围/mm	<105	105～135	140～160

3. 调速器

（1）功用　使柴油机能随外界负荷（阻力）的变化自动调节供油量，从而保持怠速稳定并限制发动机最高转速，防止转速持续升高导致"飞车"或转速持续下降导致熄火。

（2）分类　调速器可分为两极式调速器和全程调速器两种。

① 两极式调速器。

a. 作用：限制发动机最高转速和最低稳定转速，在最高转速和最低稳定转速之间调速器不起作用，此时柴油机工作转速由驾驶员直接操纵供油拉杆来调节。

b. 特点：有两根长度和刚度均不相同的弹簧，安装时都有一定的预紧力。低速弹簧长而软，高速弹簧短而硬。

c. 工作原理：两极式调速器如图 3-29 所示。

怠速时，驾驶员将操纵杆 6 置于怠速位置，发动机会以规定的怠速转速运转。这时，飞球 3 的离心力不足以将低速弹簧压缩到相应的程度。飞球因离心力而向外略张，推动滑动盘 2 右移而将球面顶块 10 向右推入到相应程度，使飞球的离心力与低速弹簧的弹力平衡。若由于某种原因使发动机转速降低，则飞球离心力相应减小，低速弹簧伸张与飞球的离心力达到一个新的平衡位置。于是推动滑动盘左移而使调速杠杆 4 的上端带动调节齿杆 11 向增加供油量的方向移动，适当增多供油量，限制了转速的降低。反之，如发

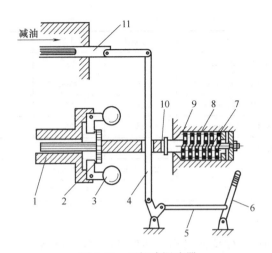

图 3-29 两极式调速器

1—支承盘；2—滑动盘；3—飞球；4—调速杠杆；5—拉杆；6—操纵杆；7—低速弹簧；
8—高速弹簧；9—弹簧滑套；10—球面顶块；11—调节齿杆

动机转速升高，调速器使供油量相应减少，限制了转速的升高。这样，调速器就保证了怠速转速的相对稳定。

若发动机转速升高到超出怠速范围（因驾驶员移动操纵杆），则低速弹簧被压缩，球面顶块 10 与弹簧滑套 9 相靠。高速时，因高速弹簧的预紧力阻碍球面顶块的进一步右移，所以在相当大的转速范围内，飞球、滑动盘、调速杠杆和球面顶块等的位置会保持不变。只有当转速升高到发动机标定转速时，飞球的离心力才能增大到足以克服两个弹簧的弹力的程度，这时调速器可防止柴油机超速。

② 全程调速器。这种调速器不仅控制发动机最高转速和最低稳定转速，还能自动控制从怠速到最高转速全部转速工作范围内的供油量，使发动机在任何给定转速下稳定运转。全程调速器的特点：调速弹簧的预紧力可在一定范围内通过改变调节叉位置而任意调节，从而在允许的转速范围内都可起调速作用，如图 3-30 所示。叉车发动机多采用全程调速器。

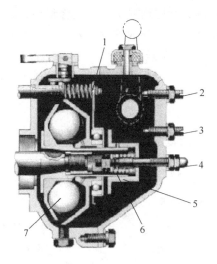

图 3-30 国产Ⅰ号喷油泵全程调速器

1—拉杆传动板；2—高速限位螺钉；3—怠速限位螺钉；

4—油量限位螺钉；5—滑套；6—弹簧；7—飞球

4. 输油泵

（1）作用 输油泵将燃油从油箱中吸出，使燃油产生一定的压力，用以克服燃油滤清器及管路的阻力，保证持续不断地向喷油泵输送足够的燃油。

（2）分类 输油泵主要有活塞式、膜片式、齿轮式和叶片式等。柴油机叉车通常采用活塞式输油泵。

（3）组成 活塞式输油泵主要由泵体、活塞、推杆、进油阀及手油泵等机件组成，如图 3-31 所示。

（4）工作原理 发动机工作时，偏心轮转至图 3-32 （a）所示位置的过程中，弹簧使活塞由上端移至下端，活塞下方油腔容积减小，油压增高，关闭出油阀，燃油自出油口压至喷油泵。与此同时，活塞上方油腔容积增大，油压降低，油箱的燃油从进油口流入，压开进油阀，充满活塞上方油腔。当偏心轮顶动推杆，使活塞压缩弹簧向上移动时，活塞上方油腔容积缩小，油压增高，关闭进油阀，压开出油阀，此时活塞下方油腔容积增大，压力降低，燃油经出油阀、平衡油道流入活塞下方油腔，为下次向喷油泵供油做好准备，如图 3-32（b）所示。

当输油泵的供油量大于喷油泵的需求量或燃油滤清器阻力过大

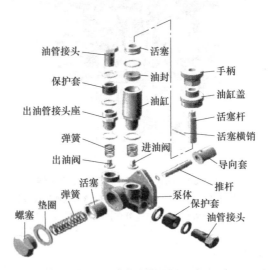

图 3-31　活塞式输油泵组成

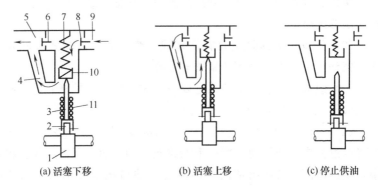

(a) 活塞下移　　　　(b) 活塞上移　　　　(c) 停止供油

图 3-32　发动机输油泵工作原理

1—偏心轮；2—滚轮；3—顶杆；4—通道；5—出油口；6,8—单向阀；

7—活塞弹簧；9—进油口；10—活塞；11—弹簧

时，出油口和活塞下腔油压升高，若此油压与弹簧的弹力平衡，则活塞停在某一位置，即回不到最下端。因此活塞的有效行程减小，供油量也相应减少，并限制油压的进一步升高（供油压力不大于400kPa），这样就实现了输油量和供油压力的自动调节，如图3-32（c）所示。

六、单体泵燃油系统

为满足国家对非道路柴油机排放和噪声的要求，柴油机燃油系统不仅需要很高的燃油喷射压力，同时还要求精确的喷油量和适合的喷油率，传统的机械式燃油系统难以满足要求。为此，部分柴油机选用了既能满足排放要求又能最大限度地适应工地油品的电控单体泵燃油系统。

选用电控单体泵燃油系统可使柴油机的喷油过程实现高度的柔性控制，喷油量、喷油正时都可按需求进行独立控制，完全排除了柴油机转速和循环供油量等的影响，此外系统还具备故障诊断及保护功能，这些手段对于优化柴油机性能和提高柴油机寿命极其有效。

1. 柴油机燃油系统电控的主要内容

（1）喷油量、喷油压力、喷油正时的控制 对喷油量、喷油正时实施精确控制是柴油机电控的重要内容，喷油量、喷油正时主要取决于柴油机转速和油门开度，系统根据接收到的柴油机转速信号和油门开度信号，计算出相应工况的燃油喷射参数，进而对燃油喷射参数实现精确控制。此外系统还可根据进气温度、压力、水温等信号对这些喷油参数进行修正。

（2）怠速控制 柴油机对怠速喷油量进行了反馈控制，可确保柴油机怠速转速稳定在所设定的目标转速上，从而避免了柴油机怠速运转时，由于空调等外部负荷干扰所产生的柴油机转速不稳定、起步加速慢等情况的发生。

（3）各缸喷油量的控制 对于多缸柴油机，因各缸喷油量的差异会引起柴油机转速的波动，通过各缸做功行程时柴油机转速的变化判断各缸喷油量的差异，并对其进行修正，以降低柴油机转速波动。

（4）启动预热的控制 冬季时，系统通过控制进气加热器的通电时间，从而改善柴油机低温启动性能。

（5）故障诊断功能 ECU 具有故障诊断功能，当 ECU 检测到故障信号时，首先故障灯点亮，同时将故障信号以代码的形式保存，维修人员将据此排除故障。

（6）安全保护功能 系统具有安全保护功能，例如当进气温度、压力、冷却水温度等异常时，系统通过减油方式对柴油机予以保护，此外当传感器等部件出现故障时，系统仍然可以一定的模式工作，确保车辆能够到达维修地点。

2. 高压油泵

高压油泵是电控燃油喷射系统的关键部件之一，它是高压燃油的压力源。国产 CA4DF3 系列柴油机电控燃油喷射系统使用的油泵为 B4HD 电控单体泵组合泵，如图 3-33 所示。

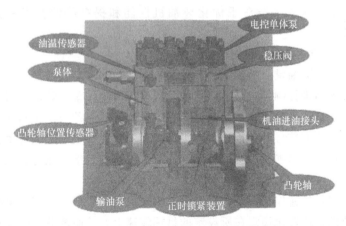

图 3-33 电控单体泵组合泵结构示意图

（1）高压油泵的部件及功能

① 输油泵：选用齿轮式输油泵，位于高压油泵的后端且与高压油泵集成在一起；输油泵的主要任务是给高压油泵提供足够的燃油；输油泵上的进、出油口，分别与油箱侧的初级滤清器出口和柴

油精滤器的进口相连。

② 稳压阀：单体泵内低压腔的压力因供油、渗漏、回油等因素导致压力波动，通过稳压阀可保持压力的稳定，从而保证单体泵供油量及压力。

③ 泵体：串联输油泵、单体泵等零件为一体，形成功能齐全的组合泵；油泵为机油润滑，润滑油进油口在泵体中部。

④ 凸轮轴位置传感器：用于判断发动机 1 缸压缩上止点的到来时刻，作为喷油的基准信号，在曲轴转速传感器故障时可以维持发动机跛行功能。

⑤ 电控单体泵：接收 ECU 的控制指令，通过单体泵上高速强力电磁阀的打开或关闭来准确地控制各缸的喷油量和喷油正时。

（2）喷油泵的安装要领　喷油泵总成先完成部装：装好连接法兰、O 形密封圈和传动齿轮，喷油泵传动齿轮锁紧螺母的紧固力矩为 300 ～350N·m。安装齿轮时应先去除喷油泵传动轴和齿轮孔表面的油脂。

CA4DF3-CG3U 型柴油机喷油泵自带定位销，其安装方法如下。

① 盘动飞轮，保证发动机处于 1 缸压缩上止点。

② 轻轻将油泵推入（如齿轮不能顺利啮合，可左右进行适当调整）。

③ 安装并拧紧油泵法兰螺栓后，将油泵上安装定位销的螺帽旋出，取出定位销，将定位销反装（长端朝外）后再将螺帽拧上。

（3）注意事项

① 禁止对油泵进行敲击、碰撞和任何形式的校正和调整。

② 高压油泵是高精度的部件，对清洁度有严格要求，所有高、低压的油管接头的保护套在运输、搬运、储存过程中必须完好无损，只能在装配前拆封。

第五节　液化气系统

20 世纪 60 年代末至 70 年代初，由于国际原油供应短缺，更清洁、更经济的液化气在主要的西方工业国家得到研究与发展，成为替代汽油、柴油的新一代车用燃料。近年来，液化气叉车在欧美等发达国家的市场份额不断扩大，以满足碳排放、职业健康及企业高效运作等需求，销量大有超越柴油叉车和电动叉车之势。

1. 功用与组成

液化气（英文缩写 LPG）发动机属于内燃机，燃烧燃料后通过推动气缸内活塞做往复运动，将燃料中的化学能量转化成驱动车辆前进的机械能量。它由液化气钢瓶、过滤器及真空切断阀、电磁阀、转换开关、蒸发调节器（低压调节器）、混合器、线束和钢瓶支架等组成。

2. 工作原理

LPG 储存在钢瓶内，叉车启动前，打开钢瓶出口处的手动开关，LPG 通过过滤器，一方面过滤器将流过的 LPG 中的杂质去除，另一方面在内燃机因某种原因停止运转时，来自化油器的真空信号消失后，内部阀门会立刻关闭，切断 LPG 流通。LPG 流至化油器/调压器时，LPG 在此受热汽化变成气态，且通过两次减压才达到内燃机运转时的压力状态，但其内部阀门仍处于常闭状态，只有内燃机运转并产生真空吸力时才开始流出，其汽化过程需吸收大量热量，为防止装置结冰，必须将发动机的热水导入化油器/调压器。此时汽化了的 LPG（石油气）进入 LPG 混合器，与干净的空气以一定比例混合后成为可燃气体，进入发动机燃烧室，发动机得以正常运转并对外做功。双燃料系统在选择燃烧汽油时，只需打开燃油转换开关，系统会通过电磁阀自动关闭 LPG 供给系统，汽油供给系统便可正常运转工作，如图 3-34 所示。

3. 主要部件

（1）液化气钢瓶 属于车载钢瓶范畴，它由瓶体和阀件组成。LPG 钢瓶一般应具备出液限流、充液限充、安全泄放及液面显示四项功能。内部安装限流阀，当外部 LPG 管道破损造成 LPG 大量外泄时，此阀门可迅速关闭，实现出液限流；有的钢瓶安装 80% 液位孔，在充液时，当充到 80%，液位孔有白色雾状物冒出时，

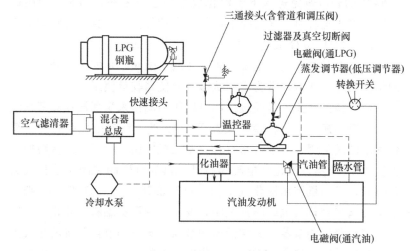

图 3-34 液化气系统工作原理

双截止阀动作可切断并停止充液；安全阀设定一定的启喷压力，当内部气体的压力超过此设定压力时，能泄放内部的气体，保证安全；通过浮球式液面计可以观察到瓶内 LPG 的存量。液化气钢瓶的结构如图 3-35 所示。

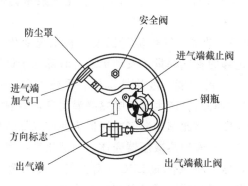

图 3-35 液化气钢瓶的结构

（2）过滤器及真空切断阀　过滤器通径大，过滤面积大，可以有效延长使用时间并提高过滤精度，进气阻力小，过滤网片除去

LPG 中的杂质避免进入下游汽化设备中造成阻塞；同时，当内燃机因故停止运转时，来自化油器的真空信号消失，真空切断阀会立即关闭，切断 LPG 流通，为 LPG 切换装置的必备元件。

（3）电磁阀　汽油电磁阀和液化气电磁阀，是使用两种燃料时的切换装置，两者通常为常闭状态，方便驾驶员使用。

（4）转换开关　是通过控制电磁阀的动作来实现汽油和液化气两种燃料切换的，将转换开关置于 GAS 挡，汽油电磁阀打开，液化气电磁阀关闭，汽油通路打开，发动机使用汽油工作。将转换开关置于 LPG 挡，液化气电磁阀打开，汽油电磁阀关闭，液化气通路打开，发动机使用液化气工作。将转换开关置于 OFF 挡，则汽油电磁阀和液化气电磁阀都关闭，发动机中没有燃料，停止工作。

（5）蒸发调节器　又称低压调节器。蒸发调节器能将液化气由高压变成低压，将 2.2MPa 的液化气压力降至 0～1kPa，液化气在此受热汽化成气态，同时减压，但内部阀门处于常闭状态。当发动机运转并有一定的真空吸力时，液化气流出，利用发动机冷却液对其加热，能够克服减压节流时产生的低温冷冻现象。它是发动机工况变化向混合器提供足够燃气的关键部件，因此应具有以下功能。

① 蒸发减压功能：将 2.2MPa 的液化气减压为低于大气压的石油气。

② 流量调节功能：输出流量因发动机工况变化而变化，能为发动机提供足够的燃气耗量，发动机运转时都处于负压工作状态。

③ 加热燃气的功能：液化气减压有吸热现象，因此高压阀口处于调节状态时必然会产生节流吸热降温现象，影响液化气由液态变成气态的速度，因此车用燃气减压器为使燃气加热稳定性好，大多采用发动机冷却液加热减压器壳体，使液化气持续蒸发。

（6）混合器　将汽化的 LPG（石油气）按比例与空气混合成可燃气体供发动机使用，同时怠速空燃比及动力空燃比也通过它来调节控制。混合器安装在发动机化油器进气口上，当发动机启动运转时，进气歧管产生真空，使化油器上部也形成真空，当真空度高于－0.2kPa 时，混合器膜片室的空气通过气孔进入发动机化油器进气管；混合器膜片室产生真空，而另一腔与空气滤清器相连，混合器膜片在大气压力作用下克服膜片组的重力和混合器弹簧的弹力上行，打开进气阀座和混合器空气阀座。石油气和空气在混合腔混合后进入发动机，发动机工作，混合器膜片根据发动机化油器进气管的真空度变化上下运动，进气阀口和空气阀口的开度也随之变化，向发动机提供适量的石油气，与空气形成理想的混合气。当发动机停止工作时，化油器进气管压力与大气压力相等，混合器膜片室通过气孔进入空气，气压达到大气压力，混合器膜片不承受大气的压力差，在混合器弹簧的弹力作用下，关闭石油气进气管道，使其不再进入发动机。当发动机回火时，回火的气体一部分通过混合器空气阀口向进气管泄出，另一部分通过气孔进入混合器膜片室，在气室中膨胀，通过混合器防爆皮碗向大气排出，保护混合器膜片不受损坏。

（7）线束　为液化气系统中的电磁阀提供能源，并联在仪表线束中，通过点火开关控制电磁阀的闭合，达到燃料切换的目的。

（8）钢瓶支架　安装在平衡重上，用来固定液化气钢瓶，为方便更换钢瓶，应采用旋转式钢瓶支架。应定期对钢瓶支架旋转轴承处进行润滑，以免发生故障。

4.液化气叉车使用注意事项

（1）熟悉特点　在液化气叉车的使用过程中，不可将叉车停在接近火源或热源的地方，如明火、燃烧的烟蒂、电焊、能产生高温的机器及电气设备旁；不可擅自动手调整或修改液化气切换装置；应定期实施保养及检查；保持警觉，发现任何泄漏或异常现象应立即处理。

（2）合理启动　工作前应确认钢瓶上手动阀门已完全打开，叉车在长期闲置不用时，应将手动阀门关闭；启动时不必踩加速踏板，双燃料系统必须将转换开关转至液化气位置。启动后，尤其天气寒冷时，最好暖车2～3min，让内燃机的冷却系统升温后再行驶，以确保温冷却液可流入汽化器，加速汽化。

（3）掌握切换方法（单燃料叉车不需考虑）　对双燃料叉车而

言，应在叉车停稳时切换，不可在行驶中切换；在汽油切换至液化气时，让内燃机继续怠速运转，此时可将转换开关转至中位，让化油器内积存的汽油烧完，直至熄火，再将转换开关转至液化气位置，重新启动；由液化气切换到汽油时，可直接将转换开关转至汽油位置，不必停在中位，此时注意拔出拉索。双燃料系统在主要使用液化气时，需让汽油箱内保持至少 1/4 的油量以备不时之需，且偶尔使用汽油，以确保汽油系统不因闲置过久而出现故障，防止输油管脆化，建议每月至少使用 10kg 汽油。

（4）正确加气　加气方式有两种，一是在叉车上直接充液，二是换瓶。充液或换瓶时必须在室外，保证通风良好、安全，应符合当地消防规定。叉车必须停稳、熄火，驾驶员离开驾驶座椅。四周严禁有烟火、热源、火源及低凹处（避免液化气积存不散）。小心处理钢瓶，不得碰撞、摔掷或在地面上滚动。充液前，要检查瓶体上有无严重凹痕、刮伤或生锈情况；瓶上所有配件的外观是否有明显损伤，有无漏气现象；瓶上安全阀有无异物堵塞；检查钢瓶是否在年审的有效期内，如果到期要尽快向当地有关部门申报年审，对使用满 15 年的钢瓶要做报废处理。充液时，必须由经过训练及有经验的人员负责操作，充液过程中必须全程监视，不得离开现场。充液时，将充液枪套在瓶上的充液阀上，并拧紧，同时将瓶上的 80％ 液位孔拧开，开始充液。当 80％ 液位孔有白雾冒出时，应立即停止充液，将 80％ 液位孔拧紧关闭，并检查液面计指示量是否正确。

（5）正确更换 LPG 叉车气瓶

① 更换气瓶时必须戴帆布手套，防止液体汽化冻伤。

② 更换气瓶应在空气流通良好、空旷的地方进行。严禁吸烟，避开明火。

③ 检查各部件状态，应良好无损。

④ 牢固固定气瓶，箭头朝上。

⑤ 确保进、出气端截止阀都处于关闭状态。

⑥ 将叉车输入端接口与气瓶出气端相接，拧紧。

（6）意外情况的处理

① 若吸入过量石油气，则会因缺氧而头昏、头疼或身体发软，此时应将患者移到通风良好处，必要时送医处理。

② 身体部位若不慎接触液化气，会造成冻伤，此时速将受伤部位浸于冷水中，必要时送医处理。

③ 如闻到过重的石油气气味，则立刻停车熄火，关闭钢瓶的手动阀门，小心查出泄漏部位并处理。

④ 叉车起火燃烧时，如有可能则立刻将钢瓶手动阀门关闭，将冷水浇至钢瓶上，使其不会因受热膨胀而爆炸。若钢瓶已起火，则迅速疏散附近人员，通知消防人员处理。

第六节　发动机润滑系统

润滑的实质是向两个相对运动机件之间输送润滑油并形成油膜，用液体间的摩擦代替固体间的摩擦，从而减小机件的运动阻力和磨损。

一、润滑系统的作用

发动机润滑系统用于保证发动机正常工作，将两接触面隔开，提高发动机的功率，延长其使用寿命。

（1）润滑作用　在运动机件的表面之间形成润滑油膜，减小磨损和功率损失。

（2）清洗作用　通过润滑油的循环流动，冲洗零件表面并带走磨损剥落的金属屑。

（3）冷却作用　循环流动的润滑油流经零件表面，带走零件摩擦产生的部分热量。

（4）密封作用　润滑油布满气缸壁与活塞、活塞环与环槽间的间隙，可减少气体的泄漏。

（5）防锈作用　在零件表面形成油膜，起保护作用，防止腐蚀生锈。

二、润滑方式

（1）压力润滑　利用机油泵使机油产生一定压力，连续地输送到负荷大、相对运动速度高的摩擦表面，曲轴主轴承、连杆轴承、凸轮轴轴颈及摇臂轴等均采用压力润滑。

（2）飞溅润滑　利用运动零件激溅或喷溅的油滴和油雾，润滑外露表面和负荷较小的摩擦面。气缸壁、活塞销及配气机构的凸轮、挺杆等均采用飞溅润滑。

（3）润滑脂润滑　对一些分散的、负荷较小的摩擦表面，可定时加注润滑脂（俗称黄油），如水泵、发电机轴承等。

（4）复合润滑　除个别情况采用上述某一润滑方式外，多数内燃机的润滑系统采用压力润滑、飞溅润滑的复合润滑方式。

三、润滑系统的组成

润滑系统由机油泵、机油散热器、限压阀、机油滤清器、油管及油道、机油压力传感器、机油压力表和量油尺等部件组成，如图 3-36 所示。

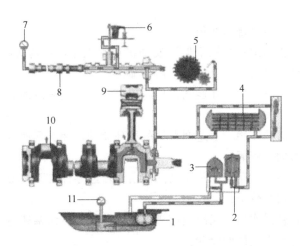

图 3-36　润滑系统的组成示意图

1—机油泵；2—机油粗滤器；3—机油细滤器；4—机油散热器；
5—正时齿轮；6—气门摇臂；7—机油压力表；8—凸轮轴；
9—活塞；10—曲轴；11—油温表

1. 机油泵

（1）机油泵的作用　将一定压力和一定量的机油压送到需润滑件表面。

（2）机油泵的种类　发动机常用的有外啮合齿轮式机油泵和内啮合转子式机油泵两种。

① 齿轮式机油泵。从动轴压装在泵体上，从动齿轮套装在从动轴上。主动齿轮与主动轴过盈配合，主动轴与壳孔间隙配合；主动轴轴端开槽的颈部与联轴器用铆钉连接，如图 3-37 所示。

机油泵的进油口通过进油管与集滤器相通。出油口的出油道有两个：一个在壳体上与曲轴箱的主油道相通，这是主要的一路；另一个在泵盖上用油管与细滤器相通。

② 转子式机油泵。转子式机油泵由壳体、内转子、外转子和泵盖等组成，如图 3-38 所示。

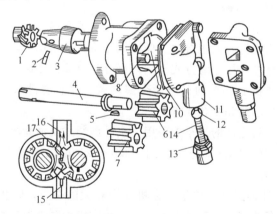

图 3-37　齿轮式机油泵组成

1—油泵驱动齿轮；2—销；3—泵体；4—主动轴；5—键；6—主动齿轮；7—从动齿轮；8—从动轴；9—泵ница；10—密封垫；11—泵壳；12—限压阀；13—螺塞；14—限压阀弹簧；15—进油腔；16—出油腔；17—卸压槽

转子式机油泵结构紧凑，外形尺寸小，重量轻，吸油真空度大，泵油量大，供油均匀性好，成本低，在中、小型发动机上应用广泛。

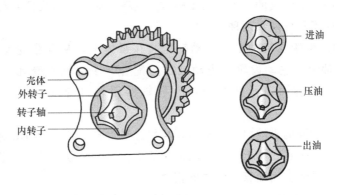

壳体
外转子
转子轴
内转子

进油
压油
出油

图 3-38　转子式机油泵组成

2. 机油滤清器

（1）作用　滤除机油中的金属磨屑及胶质等杂质，保持机油的清洁，延长机油的使用寿命，保证发动机正常工作。

（2）分类　按滤清方式不同，可分为过滤式和离心式两种。过滤式滤清器按滤芯结构又分为金属网式、片状缝隙式、带状缝隙式、纸质滤芯式和复合式等。

目前，新生产的叉车多采用一次性旋装式机油滤清器，规定行驶 8000～10000km 以上或工作 200～250h 以上必须更换，如图 3-39 所示。

① 机油集滤器：用于滤去机油中较大的杂质，防止其进入机油泵内堵塞油道，一般是金属网式，装在机油泵进油口之前。

② 机油粗滤器：用于滤去机油中颗粒度较大（直径在 0.1mm 以上）的杂质，它对机油流动的阻力较小，一般串联于机油泵与主油道之间，属于全流式滤清器。

③ 机油细滤器：用于消除微小的杂质（直径小于 0.05mm 的胶质和水分）。其流动阻力较大，因此与主油道并联，只有 10% 左

右的机油通过，属于分流式滤清器。

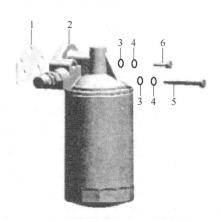

图 3-39 柴油叉车机油滤清器

1—密封垫片；2—滤清器底座；3,4—垫圈；

5—螺栓（M8×25）；6—螺栓（M8×5）

3. 限压阀

当机油压力超过规定压力时，限压阀打开，多余机油经限压阀流回机油泵的进油口或流回油底壳。

4. 旁通阀

并联在机油粗滤器的进、出油口之间。当粗滤器堵塞时，机油推开旁通阀，不经滤芯，直接从进油口到出油口至润滑系统。

四、润滑油路

一般发动机采用压力润滑和飞溅润滑的复合润滑方式，各种发动机润滑系统油路大体相似。发动机工作时，机油在机油泵作用下，经集滤器吸入机油泵，并被压出。多数机油经粗滤器至主油道，经缸体上的横隔油道分别润滑曲轴主轴承、连杆轴承（经连杆大头喷孔喷出的机油润滑凸轮、气缸壁和活塞销）、凸轮轴轴颈、正时齿轮、空气压缩机、摇臂轴、推杆和气门等。少量机油经细滤器滤清后，回到油底壳，如图 3-40 所示。

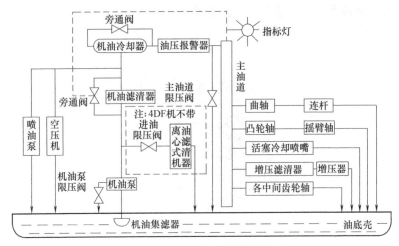

图 3-40 485Q 型柴油机润滑油路

第七节 发动机冷却系统

发动机工作温度过高或过低时，不仅会使动力性和经济性变坏，还会加速机件的磨损或损坏。发动机工作时，由于燃料的燃烧及运动零件间的摩擦产生大量的热量，使零件受热而温度升高，特别是直接与高温气体接触的零件（如气缸体、气缸盖、活塞和气门等）因受热温度很高，若不及时冷却则会造成机件卡死和烧损，使发动机不能正常工作。必须对高温条件下工作的机件进行冷却。

一、系统功用

冷却系统的功用是保证运转中的发动机能保持在最适宜的温度范围内（80～90℃）持续工作。要求冷却水路畅通，避免死角或水流停滞区；尽量使各机件冷却均匀，在气缸盖底部和气缸套上部等热负荷很高的地方，应适当增大冷却液的流速；多缸发动机要均匀分配冷却液量，保持冷却强度相同。

二、冷却方式

根据发动机所用的冷却介质不同，冷却方式有风冷式、水冷式和油冷式三种。

1. 风冷式

如图 3-41（a）所示，冷却介质是空气，即利用风扇在缸体和缸盖周围的散热片中形成气流，将发动机高温机件的热量通过散热片直接散发到大气中。

2. 水冷式

如图 3-41（b）所示，冷却介质是冷却液（防冻液），即将发动机高温机件的热量先传给冷却液，再通过冷却液的不断循环，使热量散发到大气中。

3. 油冷式

冷却介质是机油，即采用润滑用的机油对发动机进行冷却，使结构简化、性能提高、保养容易。

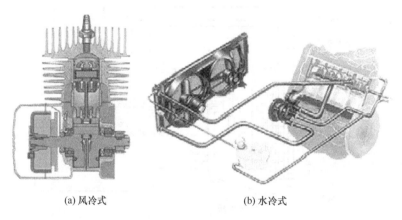

(a) 风冷式　　　　　　　　　　(b) 水冷式

图 3-41　发动机冷却方式

三、水冷却的种类

根据冷却液循环方式的不同，水冷却又可分为蒸发式、自然循环式和强制循环式三种。内燃叉车主要采用强制循环式水冷却，少数叉车采用蒸发式水冷却，如鲁工牌 CPD（C）20 型叉车采用的就是蒸发式水冷却。

四、水冷却系统的组成

现代发动机上应用最普遍的是强制循环式水冷却系统。水冷却系统一般由水泵、水套、散热器、百叶窗、风扇、分水管、节温器和冷却液温度表等组成，部分发动机还有增压中冷系统，如图 3-42 所示。为使发动机在寒冷环境中迅速达到最佳工作温度并防止冷却过度，一般发动机都有冷却强度调节装置，包括节温器、百叶窗和风扇离合器等。

1. 水泵

水泵的主要作用是对冷却液加压，使冷却液循环流动。目前叉车发动机绝大多数使用的是离心式水泵，它由泵壳、叶轮、泵轴和轴承等组成，如图 3-43 所示。

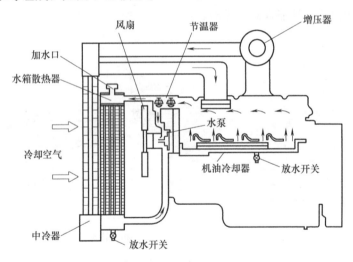

图 3-42　冷却系统及增压中冷系统示意图

2. 风扇

风扇的作用是促进散热器的通风，提高散热器的热交换能力。风扇一般由 6～8 片塑料叶片组成，通常安装在散热器后面，一般与水泵同轴，用螺钉固装在水泵轴前端传动带轮的凸缘上。当风扇旋转时，对空气产生吸力，使之沿轴向流动，气流由前向后通过散

热器，使流经散热器的冷却液加速冷却，起到对发动机冷却的
作用。

3. 散热器

（1）作用　将冷却液携带的热量散入大气，以保证发动机的正
常工作温度。

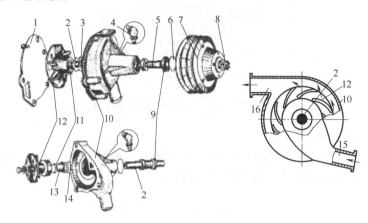

图 3-43　离心式水泵

1—水泵盖；2—水泵轴；3—夹布胶木垫圈；4—油嘴；5—轴承隔管；

6—锁环；7—带轮；8—螺母；9—轴承；10—泵壳；11—水封弹簧；

12—叶轮；13—水封皮碗；14—锁环；15—进水管；16—出水管

（2）构造　它主要由上储水箱、下储水箱和散热片等组成，有
管片式和管带式。目前，一些新生产的叉车大多采用特制管片式加
大水箱，水箱散热面积及容量是同类产品的 1.25 倍，保证叉车发
动机在使用中不会产生过热现象。图 3-44 所示为现代 CPC30 型和
CPCD35 型叉车发动机散热器。

（3）原理　来自水套的冷却液经进水管进入上储水箱，再经扁
形水管到下储水箱。由于散热片增加了散热面积及风扇的作用，促
进冷却液中的热量散入大气。

4. 节温器

（1）作用　用来改变冷却液的循环路线及流量，自动调节冷却
强度，使冷却液温度经常保持在 80～90℃。它安装在气缸盖出水

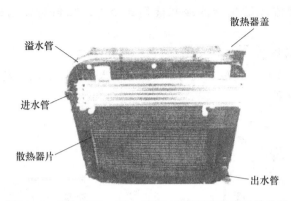

图 3-44 现代 CPC30 型、CPCD35 型叉车发动机散热器

管或水泵进水管内。

（2）类型 节温器可分为折叠式和蜡式两种（图 3-45），根据阀门的数量又可分为单阀式和双阀式。

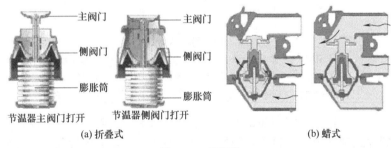

图 3-45 节温器

（3）工作原理 当冷却液温度低于蜡式节温器的开启温度76℃时，节温器的出液阀门关闭，气缸盖的出液全部经节温器旁路进入水泵进液口，而不通过散热器散热，此时的冷却液循环为小循环，如图 3-46（b）所示。当出液温度达到蜡式节温器的开启温度76℃时，节温器内的石蜡逐渐变为液态，产生推力，打开节温器出液阀门，冷却液经节温器的出液阀门进入散热器进行散热。当冷却液温度升高到86℃时，节温器阀门完全打开，从气缸盖处出来的冷却液完全进入散热器，此时的冷却液循环为大循环，如图 3-46

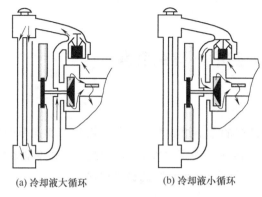

(a) 冷却液大循环　　　　　(b) 冷却液小循环

图 3-46　节温器工作原理

（a）所示。

五、油冷却的特点

大部分发动机采用的冷却方式是风冷却或水冷却，风冷却的冷却效果不佳，水冷却在叉车发动机中应用虽然较为普遍，但仍有不足。为弥补水冷却发动机的不足，林德 D2011L04 型叉车发动机的冷却方式是以机油作为冷却介质。油冷却发动机与水冷却发动机相比，有如下特点。

（1）在结构上，油冷却与水冷却的工作原理相似，但采用机油替代冷却液来冷却，冷却用的机油与润滑用的机油相同，采用相同的机油箱和机油泵，因此不需要水箱和水泵。

（2）在性能上，冷却机油的最高温度可达 135℃，而冷却液在此温度已经沸腾。因此油冷却发动机更容易适合高温环境下或高负荷的连续作业。在低温下，水冷却的冷却液容易凝结，而油冷却的机油在同样情况下要好得多。

（3）在保养上，油冷却无需添加防冻液，更无需清洗水箱。

（4）在成本上，油冷却的油耗低、维护简单，保养次数比一般发动机少一半，更换部件的数量少一半。

第四章 叉车底盘

底盘是叉车的重要组成部分，其作用是安装各部件总成，实现发动机的动力传递，确保叉车正常行驶。它由传动系统、行驶系统、转向系统、制动系统和附属设备组成。

第一节 传 动 系 统

一、叉车传动系统简介

1. 功用

它将发动机输出的动力传给驱动轮和工作机构，使叉车行驶和作业，即通过减速增矩、接合或分离动力以及改变动力的传递方向，使动力装置适应叉车的行驶和作业需要。

2. 分类

叉车传动系统有机械传动、液力机械传动、全液压传动（静液压传动）和电传动等类型。

3. 组成

（1）机械传动系统　主要由离合器、变速器、传动轴和驱动轮等组成，如图4-1所示。

（2）液力机械传动系统　主要由变矩器、变速器、传动轴和驱动桥等组成，如图4-2所示。

（3）全液压传动系统　原理如图4-3所示，由发动机直接驱动液压泵，液压泵输出的压力油驱动安装在驱动轮上的液压马达旋转，从而直接带动车轮旋转。

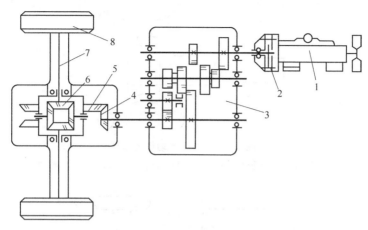

图 4-1 内燃叉车机械传动系统

1—发动机；2—离合器；3—变速器；4—主动锥齿轮；

5—从动锥齿轮；6—半轴齿轮；7—半轴；8—驱动轮

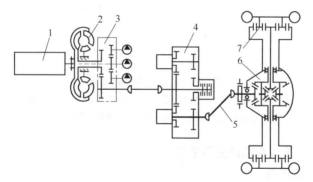

图 4-2 内燃叉车液力机械传动系统

1—内燃机；2—液力变矩器；3—功率输出器；4—变速器；

5—传动轴；6—驱动桥；7—轮边减速器

（4）电传动系统 因为电动机的反转和调速由电气控制系统来完成，所以无需离合器和变速器。它主要有两种形式，一种是单级传动，另一种是两级传动，还有个别的以左后轮为驱动轮，如图 4-4 所示。

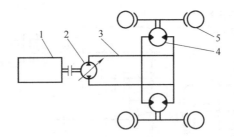

图 4-3 全液压传动系统原理

1—内燃机；2—变量液压泵；3—液压管路；4—液压马达；5—驱动轮

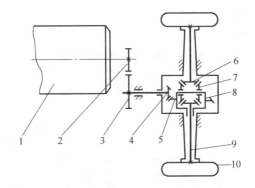

图 4-4 电动叉车传动系统

1—电动机；2,3—圆柱齿轮；4,5—锥齿轮；6—半轴齿轮；

7—行星齿轮；8—差速器壳体；9—半轴；10—驱动轮

二、传动系统的主要总成

1. 离合器

离合器是内燃叉车机械传动系统的组成部件之一，通常装在发动机曲轴的一端，传动系统通过它与发动机相连。它的功用是保证叉车平稳起步和传动系统换挡时工作平顺，防止传动系统过载。内燃叉车通常采用摩擦片式离合器，如 CPQ10 型、CPQ20 型和 CPC20 型叉车采用的是单片式摩擦离合器。起重量较大的叉车采用双片式摩擦离合器。

（1）摩擦片式离合器的组成 摩擦片式离合器由主动部分、从动部分、压紧装置和操纵分离机构四部分组成，如图 4-5 所示。

① 主动部分：离合器的主动件有飞轮、压盘和离合器盖。

离合器盖用螺钉固定于飞轮上，压盘边缘处的凸起部位伸入盖的窗口中，并可沿窗口轴向移动。飞轮与曲轴固定在一起，只要曲轴旋转，发动机动力便可通过飞轮、离合器盖带动压盘一起转动。

② 从动部分：装在压盘和飞轮之间的双边带摩擦片的从动盘，通过滑动花键套装在从动轴（即变速器的输入轴）上。

③ 压紧装置：轴前端通过轴承支撑于曲轴后端的中心孔内。若干个压紧弹簧装在离合器盖和压盘之间，并沿圆周方向均匀分布，是把压盘、飞轮与从动盘压紧的压紧装置。分离杠杆中部铰接于盖的支架上，其外端则铰接于压盘上。弹簧的作用是使分离杠杆消除因支撑处存有间隙前后旷动而产生的噪声。

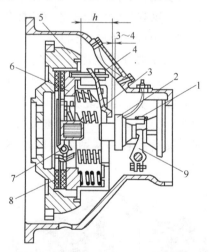

图 4-5　摩擦片式离合器的基本组成示意图

1—回位弹簧；2—分离轴承；3—分离杠杆；4—调整螺母；5—飞轮；
6—压盘；7—扭转减振器；8—摩擦片；9—分离叉；h—分离杠杆高度

④ 操纵分离机构：包括踏板到分离叉之间的各杆件和分离杠杆、分离轴承、分离套筒、分离叉等。

离合器操纵机构有液压式和机械式两种。液压式操纵机构是用总泵、分泵和油管代替机械式拉杆，将踏板和分离叉相连。分离叉是中部带支点的杠杆，拉动分离叉下端便可通过分离轴承、分离杠杆向右（后）拉动压盘，从而解除压盘对从动盘的压力。

为保证摩擦片在正常磨损后仍处于完全接合状态，在离合器处于正常接合状态下，分离轴承和分离杠杆内端之间应留有 3～4mm 的间隙。驾驶员在踩下离合器踏板时，消除这一间隙后离合器才能分离。消除这一间隙反映在离合器踏板上的距离，称为离合器踏板的自由行程。

（2）摩擦片式离合器的工作原理　发动机飞轮是离合器主动件，带有摩擦片的从动盘和从动盘毂借滑动花键与从动轴（即变速器的主动轴）相连。压紧弹簧将从动盘压紧在飞轮的端面上，发动机的转矩靠飞轮与从动盘接触面间的摩擦作用传到从动盘毂上，经从动轴和传动系统中一系列部件传给车轮（所能传递转矩的大小与弹簧的压紧力、摩擦片的材料及尺寸有关）。

离合器的主动和从动部分应经常处于接合状态，以传递动力。踩下离合器踏板，套在从动盘毂环槽中的拨叉克服弹簧的压紧力推动从动盘向右移动，使从动盘与飞轮分离，从而切断动力传递；缓慢地抬起离合器踏板，使从动盘与飞轮逐渐接合，即可恢复动力传递，如图 4-6 所示。接合过程是从两者的转速不等（不同步、打

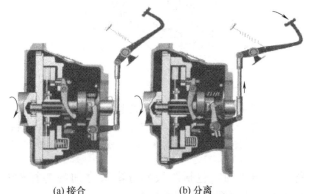

(a) 接合　　　　　　　　(b) 分离

图 4-6　摩擦片式离合器工作原理

滑）状态，逐渐达到转速相等（同步、紧密接合）状态。当离合器完全接合而不打滑时，车速与发动机转速成正比。

2. 变速器

变速器是内燃叉车传动系统的主要部件之一，它一端与飞轮壳相连，另一端与驱动桥相连（大型叉车通过万向传动装置与驱动桥相连）。叉车运行中，变速器与发动机配合工作，以保证车辆有良好的动力性能与经济性能。小吨位叉车（3t 以下）前进、后退均为两挡，大、中吨位叉车则多为三至五挡，有的中、小吨位内燃叉车采用无级变速器。

（1）变速器的功用

① 扩大驱动轮转矩和转速的范围，以适应经常变化的行驶条件，使发动机在较好的工况下工作。

② 在发动机曲轴旋转方向不变的前提下，使车辆倒退行驶。

③ 中断动力传递，使发动机启动、怠速运转和滑行等。

（2）变速器的组成　变速器由变速传动机构和变速操纵机构组成。变速传动机构的主要作用是改变转矩、转速和旋转方向；变速操纵机构的主要作用是控制传动机构实现变速器传动比的变换。

（3）变速器的分类　变速器的种类很多，一般可分为无级变速器和有级变速器两大类。

无级变速器可在一定范围内根据阻力的变化，自动、无级地改变传动比和转矩。北京依格曼 CPCD30A 型叉车采用的就是无级变速器。

有级变速器是具有若干个定值的传动比可供选择的变速器。有级变速器根据齿轮啮合形式可分为滑动齿轮啮合式、啮合套啮合式和同步器啮合式，根据操纵形式可分为机械换挡变速器和动力换挡变速器。

叉车使用的变速器主要有滑动齿轮机械换挡变速器（如 CPQ10 型、CPQ20 型、CPC20 型和 CPC30 型等中、小型内燃叉车）、啮合套机械换挡变速器、滑动齿轮和啮合套组合式机械换挡变速器、直齿轮（或斜齿轮）常啮合动力换挡变速器（如 CPCD50

型叉车)。

(4) 机械换挡变速器　CPQ10 型叉车变速器是滑动齿轮机械换挡变速器。由于构造简单,操作方便,目前 1~3t 内燃叉车大多使用这种变速器。它由传动机构、操纵机构等部分组成,如图 4-7 所示。

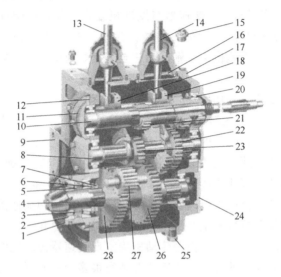

图 4-7　CPQ10 型叉车滑动齿轮机械换挡变速器

1—轴承座;2—隔环;3—油封;4—主动锥齿轮轴;5—调整螺母;6—止动垫圈;
7—锁紧螺母;8—二轴;9—变速器箱体;10—一轴;11—一轴前端盖;12—双孔前
垫圈;13—方向操纵杆;14—速度操纵杆;15—加油口螺塞;16—导向板;
17—变速器箱盖;18—方向换挡拨叉;19—速度换挡拨叉;20—二挡齿轮;
21—一挡齿轮;22—速度滑移齿轮;23—方向滑移齿轮;24—后轴承盖;
25—放油螺塞;26—前进输出齿轮;27—过渡齿轮;28—倒挡输出齿轮

① 传动机构:传动机构由一轴、二轴、过渡轴、主动锥齿轮轴、挡位齿轮、速度滑移齿轮、方向滑移齿轮、过渡齿轮和输出齿轮及轴承等零件组成。

一轴是输入轴,输入由发动机传来的动力。它的外端用花键与离合器从动部分相连,中部通过花键与二挡齿轮、一挡齿轮相连。

二轴通过花键与速度滑移齿轮和方向滑移齿轮相连。主动锥齿轮轴是输出轴，该轴安装有后退齿轮和前进齿轮。对小型叉车，由于其车身较短，变速器输出轴可直接和驱动桥的输入轴相连，省去了万向传动装置，而在起重量较大的叉车上（如 CPCD50 型），则采用万向传动装置与驱动桥相连。

② 操纵机构：由变速杆、换向杆、拨叉、拨叉轴和自锁装置（有的叉车还有互锁装置、倒挡锁装置）等组成，CPQ10 型叉车换挡位置如图 4-8 所示。

a. 自锁装置：由自锁钢球、自锁弹簧及每根拨叉轴的上表面沿轴向分布的凹槽组成。CPC30 型叉车自锁装置如图 4-9 所示。

当任一拨叉连同拨叉轴轴向移动到空挡或某一工作挡位时，必有一凹槽正好对准钢球。钢球在弹簧压力作用下嵌入该凹槽内，拨叉轴的轴向位置即被固定，拨叉连同滑动齿轮（或接合套）也被固定在空挡或某一工作挡位，不能自行脱出。需要换挡时，驾驶员通过变速杆（速度操纵杆）对拨叉和拨叉轴施加一定的轴向力，克服弹簧的压力，将钢球由拨叉轴的凹槽中挤出并推回孔中。

b. 互锁装置：其作用是当驾驶员用变速杆推动某一拨叉轴时，同时自动锁止其他所有拨叉轴。CPC30 型叉车互锁装置如图 4-9 所示。

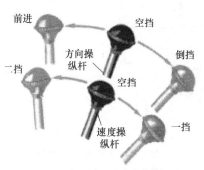

图 4-8　CPQ10 型叉车换挡位置

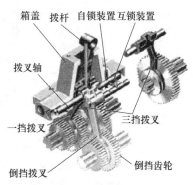

图 4-9　CPC30 型叉车自锁和
互锁装置

（5）同步器　使啮合的齿轮同步转动，在换挡时避免齿轮撞击，尤其是前后换向时，可使换挡平稳。它主要由同步锥、同步环、嵌块和啮合套等组成，如图4-10所示。

① 同步锥：齿轮11（或13）带有一轴锥面（同步锥）的渐开线花键，通过这一锥面的摩擦面和花键齿分别和同步环2和啮合套5接合，实现力的传递。

② 同步环：有一孔锥面，通过此锥面的摩擦面与同步锥相配合，同步环有三个沿圆周均布的凹槽，此三槽与啮合套花键及同步环花键的位置相应对中，以便通过啮合套花键轴向移动压向同步环，实现摩擦锥面的接触。

③ 嵌块：三个嵌块的中间凸出部分装入啮合套5的花键槽内，其两端部分分别嵌入同步环相应的三个凹槽内，并通过两个弹簧8将嵌块压向花键槽6的顶部，此向外的弹簧力便于同步环的花键齿经常处于对中位置。

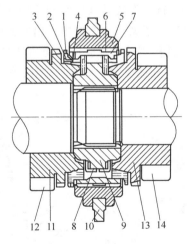

图 4-10　同步器

1—同步环花键齿；2—同步环；3—齿轮11的花键齿；4—同步锥；5—啮合套；
6—花键槽；7—嵌块；8—弹簧；9—离合器从动盘毂；10—拨叉；
11,13—常啮合齿轮；12—齿轮11的齿；14—齿轮13的齿

④ 啮合套：外表面的凹槽与拨叉 10 动连接，内表面花键与同步环 2 上的花键组合。

（6）带互锁装置的机械换挡变速器　CPC30 型叉车与 CPQ10 型叉车相似，均采用滑动齿轮机械换挡变速器，如图 4-11（a）所示。不同点是在拨叉轴之间还装有互锁装置（图 4-9）；挡位数量不同，共有六个挡位，即空挡、一挡、二挡、三挡、倒一挡和倒二挡；速度、方向共用一个操纵杆，如图 4-11（b）所示。传动部分有一轴（输入轴）、二轴（输出轴）、三轴（输出轴）和四轴（倒挡轴）。一轴上安装有常啮合斜齿轮，二轴和三轴上分别安装有一挡齿轮、二挡齿轮和三挡齿轮，四轴上安装有倒一挡齿轮、倒二挡齿轮和常啮合斜齿轮。齿轮啮合情况与动力传递如图 4-12 所示。

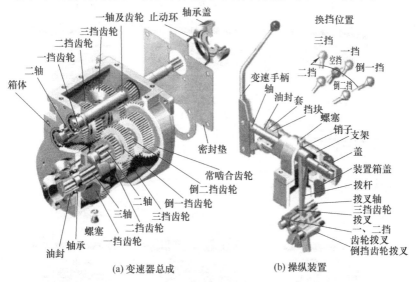

(a) 变速器总成　　(b) 操纵装置

图 4-11　CPC30 型叉车变速器

由于其运行平稳、质量可靠，且操纵杆只有一个，3～4t 叉车多采用这种变速器。

3. 驱动桥

驱动桥的功用是将变速器输出轴或万向传动装置传来的动力传

给驱动轮，实现减速增矩，改变转矩方向，实现差速，保证车轮的纯滚动，以及承载负荷等。它由主减速器、差速器、半轴和驱动桥壳组成，有的中、大型叉车还装有轮边减速器。图 4-13 所示为内燃叉车驱动桥的组成。

（1）主减速器

① 功用：降低由电动机或由内燃机经变速器传来的转速，增大转矩，并将传来的转矩方向改变 90°，通过差速器传给半轴。

② 分类：主减速器有单级主减速器 [图 4-14 （a）] 和双级主减速器 [图 4-14 （b）、（c）] 两种。当主减速器的传动比在 7 以下时，可采用单级主减速器，如 CPQ10 型叉车的传动比为 6.5，采

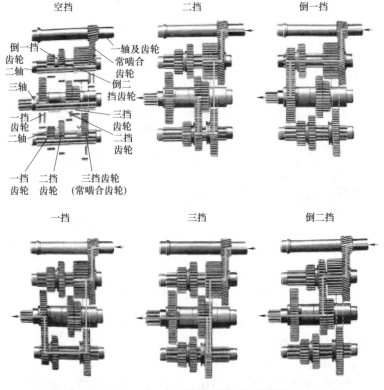

图 4-12　CPC30 型叉车变速器动力传递路线

用的是一对锥齿轮组成的单级减速器。电动叉车一般采用传动比较大的双级主减速器，以使电动机传出的转速降低到所需的数值，如图 4-14（c）所示。CPD10 型电动叉车的驱动桥采用一对圆柱斜齿轮及一对锥齿轮减速。

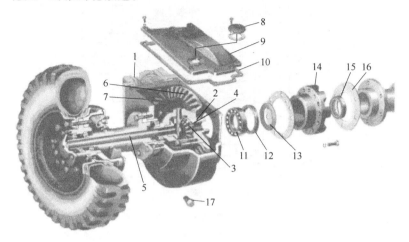

图 4-13　内燃叉车驱动桥的组成

1—后桥壳；2—差速器壳；3—差速器行星齿轮；4—差速器半轴齿轮；

5—半轴；6—主减速器从动齿轮齿圈；7—主减速器主动小齿轮；

8—加油口盖；9—驱动桥盖；10—纸垫；11—轴承；12—轴承垫；

13—调整垫片；14—差速器轴承座；15—油封；16—密封垫；17—放油螺塞

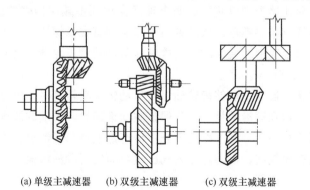

(a) 单级主减速器　　(b) 双级主减速器　　(c) 双级主减速器

图 4-14　减速器结构原理示意图

③ 构造：叉车单级主减速器多采用一对大小不等的锥齿轮传动结构，并以小齿轮为主动轮，如图 4-15 所示。

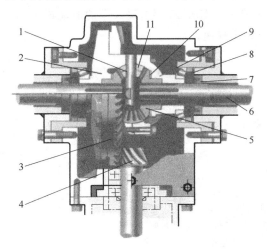

图 4-15　叉车单级主减速器构造

1—十字轴；2—差速器左半壳；3—被动锥齿轮；4—主动锥齿轮；
5—半轴齿轮；6—半轴；7—油封；8—调整垫片；9—差速器
右半壳；10—调整垫片；11—行星齿轮

为保证主动锥齿轮有足够的支撑刚度，将其与轴做成一体，通过三个轴承支撑在主减速器壳上。从动锥齿轮用螺栓紧固于差速器壳上。差速器壳则以两侧的两个轴承支撑在主减速器壳的座孔中，轴承外侧有调整螺母。从动锥齿轮背面装有支撑螺栓，以限制从动锥齿轮过度变形。装配时，支撑螺栓与从动锥齿轮端面之间的间隙为 0.3～0.5mm。

主减速器壳中所储齿轮油，在从动锥齿轮转动时被甩溅到各摩擦表面，达到润滑的目的。为保证主动锥齿轮轴前端的圆锥滚子轴承得到可靠润滑，在主减速器壳中铸有进油道和回油道。主减速器内还装有通气塞，以防止壳内气压过高而使润滑油渗漏。

（2）差速器

① 作用：消除车轮对路面的滑动现象，在结构上保证各车轮

能以不同的角速度旋转，以保持纯滚动状态。它将驱动两侧车轮旋转的驱动轴断开（每部分称为半轴），在向两半轴传递动力时，允许两半轴以不同的角速度旋转，以满足各轮不等路程行驶的需要。

② 组成：叉车上应用的齿轮式差速器主要由四个圆锥行星齿轮、行星齿轮轴（十字轴）、两个圆锥半轴齿轮和差速器壳等组成。

③ 构造：差速器壳的两部分用螺钉紧固连接，主减速器从动齿轮用螺栓固定在差速器壳左半部的凸缘上；行星齿轮轴的四个轴颈装在由两半差速器壳相应凹槽组成的十字形孔中，各轴上均松套着一个行星齿轮；两个半轴齿轮与四个行星齿轮啮合，半轴齿轮以其轴颈支撑在差速器壳相应的孔中，并以内花键与半轴连接；行星齿轮的背面和差速器壳相应位置的内表面，均制成球面，保证行星齿轮的对中性，利于与半轴齿轮正确啮合；行星齿轮、半轴齿轮背面与壳体相应的摩擦面间装有软钢或青铜制成的减摩垫片，使用过程中，摩擦引起的磨损主要发生在垫片上，改变垫片的厚度可以调整行星齿轮与半轴齿轮的啮合间隙。齿轮式差速器构造如图 4-16 所示。

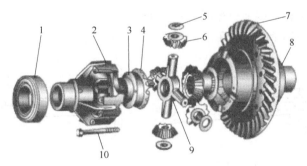

图 4-16　齿轮式差速器构造

1—轴承；2—左外壳；3,5—垫片；4—半轴齿轮；6—行星齿轮；
7—从动齿轮；8—右外壳；9—十字轴；10—螺栓

④ 工作原理：从万向传动装置传来的动力，自主减速器从动齿轮，依次经差速器、十字轴、行星齿轮、半轴齿轮、半轴输送到驱动车轮；当两侧车轮以相同的转速转动时，行星齿轮绕半轴轴线

转动（公转）；若两侧车轮阻力不同，则行星齿轮在做上述公转运动的同时，还可绕自身轴线运动（自转），以适应两侧车轮的不同转速。

⑤ 防滑差速器：它的作用是当一侧车轮打滑时，用啮合器强制将一侧半轴的齿轮与差速器壳锁在一起，并通过行星齿轮使另一侧半轴齿轮也只能随差速器壳同步运转，于是两侧半轴齿轮都得到了与差速器壳相等的转矩，使驱动轮获得较大的驱动力。

（3）半轴　是在差速器与驱动轮之间传递转矩的轴。因为所传递的转矩较大，故一般是实心轴。它有以下两种形式（图 4-17）。

① 全浮式半轴：指在工作中只承受转矩而不承受弯矩的半轴。半轴内端花键在半轴齿轮的内孔中，外端有凸缘盘，用螺栓将凸缘盘与轮毂连接。若轮毂通过两个轴承支撑在桥壳上，车轮不直接支撑在半轴上，则由车轮传来的各方面的弯矩全部传给桥壳，半轴只受转矩作用。全浮式半轴拆装方便，只需拆下半轴螺栓，便可直接抽出半轴。叉车一般采用全浮式半轴，如图 4-17（a）所示。

② 半浮式半轴：指既受承受转矩作用又受各方向弯矩作用的半轴。半轴外端通过轴承支撑在桥壳内，车轮直接支撑于半轴外端，且距轴承有一段距离，如图 4-17（b）所示。

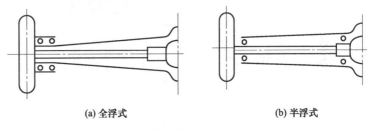

(a) 全浮式　　　　　　　　　　(b) 半浮式

图 4-17　半轴形式

三、液力传动装置

液力传动装置是 20 世纪 80 年代开始应用于叉车的，其具有以下优点。

① 微动阀可使叉车在发动机低速或高速时都能进行微动操作。

② 液力离合器装有四片经过特殊处理的纸质摩擦片和钢板，改进了耐磨性。

③ 装在变矩器中的单向超越离合器，改善了动力传动效率。

④ 变矩器油路中有较好的滤清器，提高了其寿命。

1. 变矩器

液力变矩器是用来传递转矩，而且能在泵轮转矩不变的情况下，随涡轮转速的变化，自动改变涡轮输出的转矩数值。变矩器主要由泵轮、涡轮和导轮组成。泵轮由输入轴驱动，液体在离心力作用下沿泵轮叶栅猛喷（此时机械能转化为动能）到涡轮的叶栅上，使转矩传到输出轴。离开涡轮的液体在导轮作用下变向，一部分液体按一定角度流回泵轮，此时产生了推动导轮的反作用转矩，致使输出转矩增加了一个反作用转矩的值。当涡轮转速增加并接近输入转速时，液流的角度变化开始减小，输出轴转矩降低。最后，液体以反方向流进导轮叶栅，使原来的反作用转矩反向作用，因此输出轴转矩小于输入轴转矩。为防止这种情况，装在导轮内的单向超越离合器使导轮在反作用转矩反向作用时，能自由转动。这种变矩方式可保证高效平稳地操作。

变矩器内部充满了变矩器油，泵轮通过液力变矩器壳体与发动机飞轮连接，随发动机曲轴转动而转动，以带动油液旋转，将油供给变矩器和动力换挡变速器。涡轮通过花键连到涡轮轴上，动力通过涡轮轴传给动力换挡变速器。变矩器结构如图 4-18 所示。

2. 液力离合器

液力离合器（湿式多片）装在液力变速器的输入轴上，通过控制阀将压力油分配给前进或后退离合器，实现前进、后退换挡。变速器中的所有齿轮为常啮合齿轮。每个离合器由相间装配的四块隔片和四块摩擦片及一个活塞组成，隔片和摩擦片处在分离状态。换挡时，油压作用于活塞，隔片和摩擦片互相压紧，靠摩擦力形成一个接合器，将来自变矩器的动力传到主动齿轮，如图 4-19 所示。

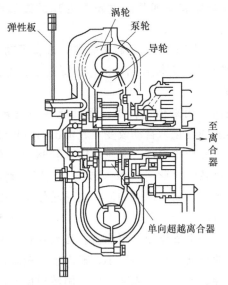

图 4-18　变矩器

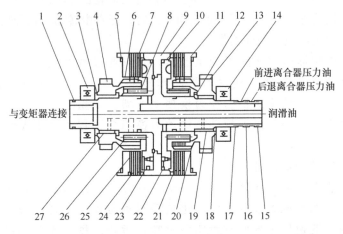

图 4-19　液力离合器

1,10,15~17—密封环；2,14—轴承；3,18—止推轴环；4—前进挡齿轮；
5—卡环；6,21—弹性挡圈；7—弹簧座；8—O 形密封圈；9—输入轴总成；
11—端板；12,20—轴环；13—反向齿轮；19,27—滚针轴承；
22—止回球；23—活塞总成；24—隔片；25—摩擦片；26—回程弹簧

变矩器到液力变速器的动力传递路线：涡轮→输入轴总成→隔片→摩擦片→前进挡齿轮或反向齿轮→输出轴。

3. 控制阀、溢流阀和微动阀

（1）控制阀　装于变速器盖的内侧，控制阀包含操纵滑阀、定压阀和调节阀三部分，如图 4-20 所示。定压阀用来控制液力离合器的油压（1.1～1.7MPa），并通过它将油送到溢流阀，输给变矩器。调节阀位于微动阀和操纵滑阀之间，当操纵滑阀全开时，此阀工作，以减少液力离合器接合时的冲击。

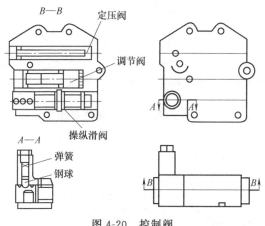

图 4-20　控制阀

（2）溢流阀　与变速器箱体连在一起的溢流阀使变矩器油压保持在 0.5～0.7MPa。

（3）微动阀　安装在变速器外侧，阀的卷轴连接到微动踏板连杆上。踩下微动踏板时，该卷轴向右移动，短时降低了液力离合器的油压，使叉车达到微动效果。微动阀如图 4-21 所示。

4. 变速器箱体与供油泵

变速器箱体除安装输入轴和输出轴等外，本身也起油箱的作用，其底部的滤油器（滤网为 150 目）用于过滤吸入供油泵的油，管路滤油器和加油盖等装在壳体盖上方。

供油泵安装在变矩器与输入轴之间，利用泵轴带动一对内啮合

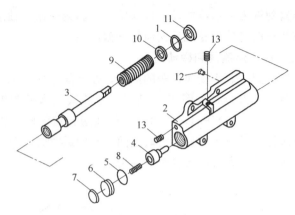

图 4-21 微动阀

1—弹性挡圈；2—阀体；3—卷轴；4—滑阀；5—O形圈；6—油堵；7—挡圈；

8—主弹簧；9—微动弹簧；10—垫块；11—油封；12—油塞；13—螺塞

齿轮组成的齿轮泵，向变矩器、液力变速器供油。

5. 液压油路

变矩器油路系统如图 4-22 所示。

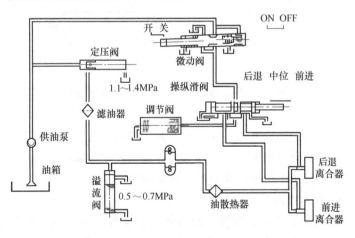

图 4-22 变矩器油路系统

发动机启动后，供油泵经油箱（即变速器壳体底部）中吸出油，流经控制阀，在阀中将压力油分成两部分，一部分供液力离合器用，另一部分向变矩器供油。

液力离合器操作所必需的油流进定压阀（此阀压力调到1.1～1.4MPa），由定压阀流出的油一方面进一步流向微动阀和操纵滑阀，另一方面通过溢流阀（压力调到0.5～0.7MPa）将油供给变矩器叶轮，从变矩器流出的油通过油散热器冷却，然后润滑液力离合器，再返回油箱。

空挡时，从操纵滑阀到离合器的油路是封闭的，这时定压阀打开，使油全部通过溢流阀输给变矩器，当操纵滑阀位于前进或倒退位置时，从滑阀到前进离合器的油路连通，使各离合器分别动作。当一个离合器作用时，另一个离合器中的隔片和摩擦片处在分离状态，由冷却油润滑并将热量带走。

6. 动力换挡变速器

合力CPCD50型叉车变速器是圆柱齿轮常啮合动力换挡变速器，共有三个挡位，即一挡、二挡和倒挡。它与液力变矩器配合使用，将发动机经液力变矩器输出的转矩和运动经传动轴传递给驱动桥。

变速器主要由变速传动机构、湿式换挡离合器和变速换挡操纵阀组成，如图4-23所示。变速传动机构包括传动部分和变速器箱体等。传动部分主要由轴、齿轮和轴承组成。

换挡离合器主要由离合器活塞、端板、鼓轮、盘毂、外摩擦片、内摩擦片、压盘及弹簧等机件组成，共三片湿式换挡离合器片（两片用于变速，一片用于换向），依靠液压接合。

变速换挡操纵阀操纵三片换挡离合器片，实现叉车前进两挡、倒退一挡的需求。它包括变速阀和断流阀两部分。CPCD50型叉车的液压换挡操纵系统与传动、转向系统共用一个油泵和油箱。变速阀使变速器换挡操纵油路具有一定压力，以满足换挡离合器接合的需要。断流阀与制动系统连接，以便在制动时切断来油路，使换挡离合器工作油路接油箱，离合器分离。

换挡操纵阀安装在变速器箱体上部，操纵阀杆与换挡手柄中间

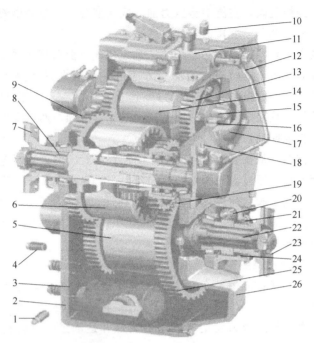

图 4-23　动力换挡变速器

1—放油螺塞；2—变速器箱体；3—滤油器；4—检视孔螺塞；5——挡离合器；
6—二挡离合器；7,23—联轴器；8—输入轴；9—输入齿轮；10—加
油螺塞；11—换挡操纵阀；12—操纵油管；13—倒挡齿轮；14—倒挡
离合器；15—倒挡轴；16,24—调整垫片；17—轴承盖；
18—润滑油管；19—二挡齿轮；20—里程累计装置；
21—油封；22—输出轴；25—输出齿轮；26—箱盖

由连杆相连。换挡手柄安装在转向盘右下方，换挡时扳动手柄，使
操纵阀动作，换挡油进入变速器换挡离合器液压缸并作用于活塞，
使内、外摩擦片接合，叉车实现前进、后退或换挡，如图 4-24
所示。

　　一挡：液压油进入一挡离合器 17，动力由输入轴 6 传入，经
齿轮 8、离合器 17、齿轮 12、齿轮 15 到输出轴 14，此时为低速
行驶。

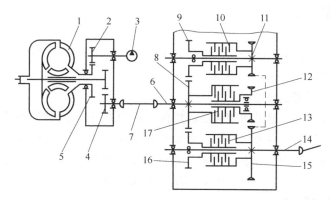

图 4-24 动力换挡变速器工作原理

1—变矩器；2,4,5,8,9,11,12,15,16—齿轮；3—油泵；6—输入轴；

7—传动轴；10—倒挡离合器；13—二挡离合器；

14—输出轴；17——挡离合器

二挡：液压油进入二挡离合器 13，动力由输入轴 6 传入，经齿轮 8、齿轮 16、二挡离合器 13、齿轮 15 传到输出轴 14，此时为高速行驶。

倒挡：液压油进入倒挡离合器 10，动力由输入轴 6 传入，经齿轮 8、齿轮 9、倒挡离合器 10、齿轮 11、齿轮 15 传到输出轴 14，此时为倒挡行驶。

第二节 行 驶 系 统

行驶系统的主要功用是将叉车构成一个整体，支撑叉车的总重量；将传动系统传来的转矩转化为车辆行驶的驱动力；承受并传递路面作用于车桥上的各种阻力及力矩；减少振动，缓和冲击，保证叉车平顺行驶。

行驶系统一般由车架、车桥、车轮和悬架组成。车轮分别安装在转向桥与驱动桥上，车桥通过悬架连接车架，车架是整个叉车的基体。叉车的前桥为驱动桥，后桥为转向桥，前轮大、后轮小。

一、车架

车架是叉车的骨架，按结构形式不同可分为边梁式车架和箱式车架两种，如图 4-25 所示。

1. 边梁式车架

边梁式车架是用铆接法或焊接法将两边的纵梁和若干根横梁牢固连接的刚性构架。边梁式车架便于安装车身和布置总成，有利于叉车的改装变型和发展多种车型的需要，如图 4-25（a）所示，一般用于大、中型叉车，如 CPCD50 型叉车等。

2. 箱式车架

用钢板焊接成箱形，无明显的纵梁，刚度大。箱体又可作燃料箱及液压油箱。中、小吨位的叉车多采用箱式车架，如 CPQ10 型、CPC15 型和 CPC30 型叉车等。车架前端支承在驱动桥上，后端通过中间铰轴支承在转向桥上，如图 4-25（b）所示。

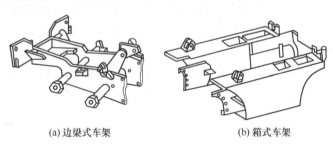

(a) 边梁式车架　　　　　　　　(b) 箱式车架

图 4-25　叉车车架

二、车桥

1. 车桥的作用

车轿用于传递车架与车轮之间的各方向作用力及其所产生的弯矩和转矩。

车桥通过悬架与车架（或承载式车身）相连，其两端安装车轮。车架所受的垂直载荷通过悬架和车桥传到车轮，车轮上的滚动阻力、驱动力、制动力和侧向力及其弯矩、转矩又通过车桥传递给悬架和车架。

2. 车桥的分类

根据悬架结构的不同可分为整体式和断开式两种。整体式车桥是刚性的实心或空心梁，它与非独立悬架配用。断开式车桥为活动关节式结构，它与独立悬架配用。

根据车桥作用的不同可分为转向桥、驱动桥、转向驱动桥和支持桥四种。其中转向桥和支持桥都属于从动桥。一般车辆多以前桥为转向桥，后桥为驱动桥；越野车和部分轿车的前桥为转向驱动桥。叉车以后桥为转向桥，前桥为驱动桥，无支持桥，如 CPQ10型、CPCD50 型叉车等。叉车转向桥的组成如图 4-26 所示，叉车驱动桥的组成如图 4-13 所示。

三、车轮与轮胎

叉车车轮与轮胎的功用是支承整车的重量，缓和由路面传来的冲击力，产生驱动和制动力，保持直线行驶等。

车轮由轮毂、轮辋及两者间的连接件组成。轮胎依工作原理不同，可分为充气轮胎和实心轮胎两大类。充气轮胎可适应较高的行驶速度；实心轮胎使用简单，负荷能力大，但滚动阻力大，不适合高速行驶。轮胎由衬带、内胎和外胎组成，一般有充气轮胎（用 P 表示）、钢圈压配式轮胎和压配式聚氨酯轮胎。

内燃叉车主要采用的是高压胎，标记为 $B \times d$（单位为 in），如图 4-27 所示，其中，D 为轮胎外径，B 为轮胎断面宽度（约等于 H），轮胎内径 $d = D - 2B$；"R" 表示子午线胎；在轮胎尺寸后面，一般还附注帘布层数。例如现代 CPC30 型内燃叉车，前轮轮胎为 28×29-15-14PR，表示帘布有 14 层，充气式子午线轮胎。叉车轮胎气压一般为前轮 0.79MPa，后轮 0.97MPa；可以使用氮气（N_2），不仅能降低爆炸的风险，还有助于防止氧化和橡胶的老化以及轮辋零部件的腐蚀，轮胎寿命可达 4 年以上。有些电动叉车采用实心轮胎。实心轮胎规格的表示方法：轮胎外径 $D \times$ 轮胎宽度 B（单位为 mm）。

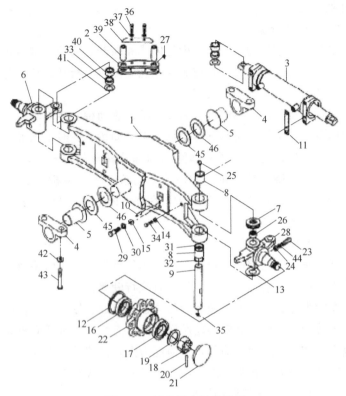

图 4-26　叉车转向桥的组成

1—转向桥体总成；2—连杆；3—转向油缸总成；4—后桥支承座；5—衬套；

6—右转向节总成；7—推力轴承；8—滚针轴承；9—转向节主轴；10—销；

11,41—调整垫；12—U形密封圈；13—转向节调整垫；14,18,24—螺母；

15,19,30,37,42,44—垫圈；16,17—轴承；20—销（直通式）；

21—轮毂盖；22—轮毂；23—紧固销；25,27—直通式滑脂嘴；26,33—衬套；

28—左转向节总成；29,34,36,43—螺栓；31—O形密封圈；32—油封；

35—弯颈式滑脂嘴；38—挡板；39—连杆销；40—ES型向心关节轴承；45,46—垫片

四、悬架

　　悬架是车架与车桥之间的连接装置，用来传递力和力矩；缓和与吸收车轮在不平路面上所受的冲击和振动。叉车转向桥常用的是弹性悬架和刚性悬架两种。内燃叉车多采用刚性悬架，而蓄电池叉

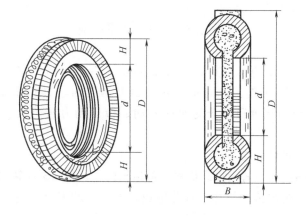

图 4-27　轮胎标记

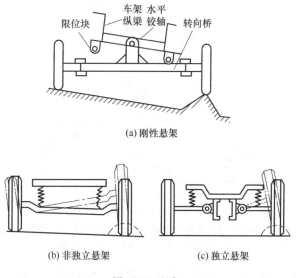

(a) 刚性悬架

(b) 非独立悬架　　　　(c) 独立悬架

图 4-28　悬架

车因蓄电池不宜振动，且用实心轮胎，故宜用弹性悬架，弹性悬架
又分为非独立悬架和独立悬架，如图 4-28 所示。新型叉车多采用
橡胶悬浮装置，使整车振动、噪声降低，操作更加舒适。

第三节 转 向 系 统

转向系统的功用是在驾驶员的操纵下，控制叉车的行驶方向。它由转向盘、转向轴、转向器及液压缸、转向节等组成。叉车的转向装置通常分为机械转向、液压助力转向和全液压转向三种。

一、机械转向装置

机械转向装置由操纵机构（包括转向盘、转向轴和转向管柱）、转向器和转向传动机构三部分组成，如图 4-29 所示。它是以驾驶

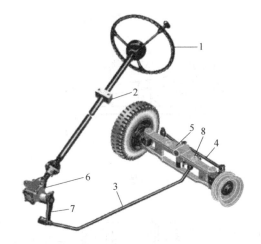

图 4-29 机械转向装置结构

1—转向盘；2—支架垫块；3—纵拉杆；4—横拉杆；5—转向桥总成；
6—转向器；7—转向垂臂；8—扇形板

员的体力（手力）作为转向能源的转向系统，其中所有传力件都是机械的。转向器的作用是将驾驶员操纵转向盘的力传递给转向传动机构，并使操纵省力，主要有循环球式、曲柄球销式、蜗杆滚轮式和蜗杆蜗轮式等。小吨位叉车的转向器为循环球式，如 CPD10 型、CPQ20 型叉车等。

二、液压助力转向装置

液压助力转向装置是在机械转向装置的基础上，增设了一套液压助力装置。转动转向盘的操纵力，已不作为直接驱动车轮偏转的力，而是使控制阀工作的力，车轮偏转的力由转向液压缸产生，一般用于较重型叉车，如 CPC50Y 型叉车等，如图 4-30 所示。

三、全液压转向装置

全液压转向装置通过转向盘、转向导柱操纵全液压转向器，转向器产生的压力油经油管进入转向油缸，驱动转向三连板或转向拉杆和转向节转动，使转向轮改变方向，一般用于大、中型叉车，新型叉车普遍采用全液压转向装置，如 CPCD50 型、CPCD30 型和 CPQ20 型叉车等，如图 4-31 所示。

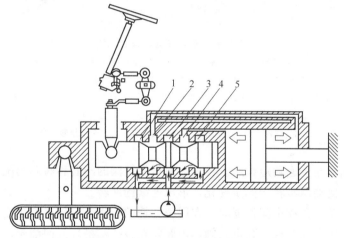

图 4-30　液压助力转向装置工作原理

1～5—阀体油槽

1. 全液压转向器

全液压转向器工作原理如图 4-32 所示。其中阀芯、阀套和阀体构成随动转阀，起控制油流方向的作用。转子和定子构成摆线齿轮啮合副，在动力转向时起计量马达的作用，保证流入转向油缸的油量与转向盘的转角成正比。在人力转向时起手动液压泵的作用。

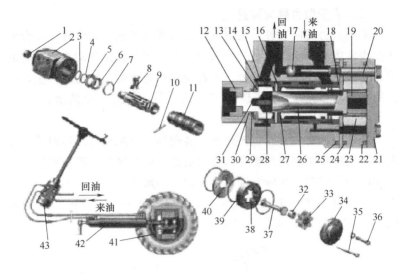

图 4-31　全液压转向装置结构

1,12—连接块；2,30—阀体；3,4,25,29,39—密封圈；5,13—挡圈；
6,14—滑环；7,15—挡环；8,28—定位弹簧；9,31—阀芯；10,16—传动销；
11,27—阀套；17—钢球；18—螺套；19,32—支承套；20,35—限位螺栓；
21,34—端盖；22,38—定子；23,33—转子；24,40—配油盘；26,37—传动杆；
36—螺栓；41—转向桥；42—转向油缸；43—全液压转向器

联轴器起传递转矩作用。转向器液压控制阀的阀套和阀芯起配油作用，使油压与转子同步变化，形成连续的回转。

转向盘在中间位置时，在回位弹簧的作用下，转向油泵输出的油经阀套孔和阀芯孔进入阀芯内腔，经各孔或槽后流回油箱。

转向盘向左（右）转动时，阀芯随之一起转动，压缩回位弹簧，当转向盘旋转到 1.5°时，开始打开通往转向油缸的油道，当转到约 6°时，油道全部打开，当转向盘再旋转 2°时，转向油泵通往油箱的油路切断，压力油流出并进入摆线泵，驱动转子旋转，由于转子转动，齿隙中的油液从摆线泵流出，最后流回油箱，转向油缸的活塞杆推动转向轮左（右）转，叉车向左（右）转弯。

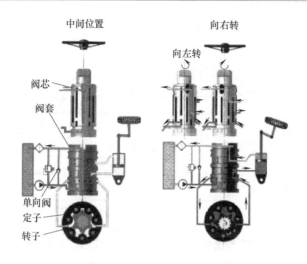

图 4-32　全液压转向器工作原理

发动机熄火时，转向油泵停止供油，转阀式转向器驾驶员操纵转向盘，通过转向轴带动阀芯一起旋转。当阀芯转动约 8°后，销轴带动阀套，再通过传动杆使摆线泵的转子转动。当转向盘向左或向右转动时，将转向油缸一腔的油液压入另一腔推动转向轮，实现人力转向。

2. 转向油缸

转向油缸是双作用贯通式结构，如图 4-33 所示。活塞杆两端通过连杆与转向节相连，来自全液压转向器的压力油通过转向油缸使活塞杆左右移动，从而实现左右转向。

四、叉车的转向特点

1. 转向类型

一般情况下起重量在 1t 以下的叉车，均采用结构简单的机械转向；大于 1t 的叉车，为操纵方便，减轻驾驶员负担，多采用全液压转向。

2. 结构要求

叉车的转向系统必须轻便、灵活，各种机件连接可靠，适应叉

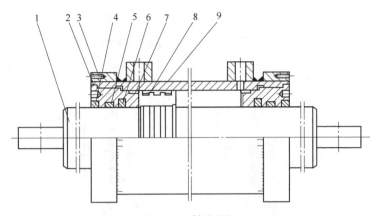

图 4-33　转向油缸

1—活塞；2—导向套；3—缸体；4—防尘圈；5,7—O 形密封圈

6,8—Yx 密封圈；9—支承环

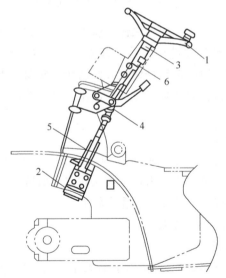

图 4-34　叉车全液压转向操纵装置

1—转向盘；2—转向器；3—转向轴；4—万向节；

5—连接轴；6—转向管柱

车转向频繁的工作特点，以及作业场地通道比较狭窄的工作环境。

叉车上使用的转向器与汽车转向器基本相同,有的使用标准的汽车转向器。叉车的转向盘上,多数装有急转弯手柄,便于驾驶员左手转动转向盘,右手可同时操纵分配阀或变速器变速杆。叉车全液压转向操纵装置如图 4-34 所示。

3. 转向方式

无论叉车的支承形式如何(三支点或四支点),其在行驶中转向都是依靠后轮的转动平面与行驶方向偏离一定角度来实现的。

第四节 制 动 系 统

制动系统是制约叉车行驶运动的机构,用来消耗车辆行驶积蓄的动能,强制其减速甚至完全停止。制动系统行驶工作的可靠性决定了叉车的安全性,它不仅可以保证叉车以较高的平均速度行驶,还可以提高叉车的作业生产率。

一、功用

(1)降低叉车的行驶速度直至完全停止。

(2)防止叉车在下坡时超过一定的速度。

(3)保证叉车在坡道上停放。

二、原理

制动系统的一般工作原理是利用与车身(或车架)相连的非旋转元件和车轮(或传动轴)相连的旋转元件之间的相互摩擦,来阻止车轮的转动或转动的趋势,如图 4-35 所示。

制动鼓 8 固定在车轮轮毂上,随车轮一同旋转。在固定不旋转的制动底板 11 上,有两个制动蹄调整支销 12 支承着两个弧形制动蹄 10 的下端。制动蹄 10 外圆面上又装有 4 片摩擦片 9,制动底板上还装有制动分泵(又称液压制动轮缸)6,用油管 5 与装在车架上的制动总泵(又称液压制动主缸)4 相连。主缸中总泵活塞 3 可由驾驶员通过制动踏板 1 来操纵。

制动系统不工作时,制动鼓 8 的内圆面与制动蹄摩擦片的外圆面之间保持一定的间隙,使车轮和制动鼓可以自由旋转。

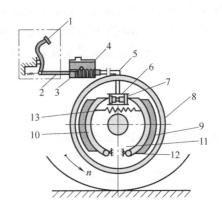

图 4-35 转动系统工作原理示意图
1—制动踏板；2—推杆；3—总泵活塞；4—制动总泵；5—油管；
6—制动分泵；7—分泵活塞；8—制动鼓；9—摩擦片；10—制动蹄；
11—制动底板；12—制动蹄调整支销；13—制动蹄回位弹簧

驾驶员踩下制动踏板 1 时，推杆 2 和总泵活塞 3 使总泵内的油液在一定压力下流入制动分泵并通过两个分泵活塞 7 推动两制动蹄 10，使其绕制动蹄调整支销 12 转动。上端向两边分开从而使摩擦片 9 压在制动鼓 8 的内圆面上。这样，不旋转的制动蹄就对旋转的制动鼓作用一个摩擦力矩，其方向与车轮旋转方向相反。制动鼓将该力矩传到车轮后，由于车轮与路面有附着作用，车轮对路面作用一个向前的周向力，同时路面也对车轮作用一个向后的作用力，即制动力。制动力由车轮经车桥和悬架传给车身，迫使整个叉车产生一定的减速度。制动力越大，叉车的减速度也越大。

放松制动踏板时，回位弹簧将制动蹄拉回原位，摩擦力矩和制动力消失，制动解除。

三、组成

叉车制动系统通常由制动器和制动驱动机构两大部分组成，包括行车制动（俗称脚制动或脚刹）和驻车制动（俗称手制动或手刹）两套独立的制动装置。

1. 制动器

（1）功用 利用摩擦副来吸收叉车运动的动能，达到减速或停车的目的，将摩擦副吸收了的动能转变为热能逸散到大气中。

（2）分类 按结构可分为蹄式（鼓式）、盘式和带式三种。叉车广泛采用蹄式制动器。

（3）传动方式 有液压式、气压式和机械式等几种。CPQ10型、CPQ20 型、CPD10 型等小型叉车采用液压式制动器。中型叉车 CPCD50 型采用液压制动，并用真空加力装置增加制动力。有的起重量较大的叉车采用气压制动。

（4）构造 制动器包括制动蹄、回位弹簧及制动鼓等零件，如图 4-36 所示。

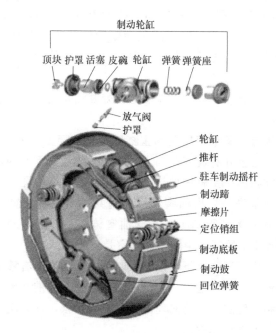

图 4-36　叉车液压式制动器构造

制动底板装在驱动桥壳上。制动蹄上端压在制动凸轮上，下端套装在制动蹄调整支销上，外部有制动蹄片（制动蹄摩擦片）。制动凸轮装在制动底板上部，可调整制动蹄片与制动鼓的上部间隙。偏心轴（或调整支销）用来把制动蹄片的下端套装在制动底板上，并可调整制动蹄片与制动鼓的下部间隙。回位弹簧拉紧左右两制动蹄，使其紧靠在左右两制动凸轮上。制动鼓装在轮毂上，它随车轮转动。

2．制动驱动机构

（1）功用　将驾驶员作用于制动踏板或传动杆上的力放大后传给制动器，使其发挥制动作用。

（2）形式　有机械式制动驱动机构和液压式制动驱动机构两种。机械式制动驱动机构由制动踏板、拉杆、凸轮推杆和凸轮等传动部件组成。液压式制动驱动机构主要包括制动主缸、制动轮缸和油管等。CPQ10 型、CPC20 型、CPD10 型、CPC30 型和 CPC50型叉车采用这种形式。液压式制动驱动机构的特点是制动平稳缓和，能保证两轮同时开始制动，避免了叉车跑偏的可能性。这种机构不需要另加润滑装置，也不用经常调节。当叉车振动及转向时，不会发生自行制动现象。其缺点是一处漏油系统就会完全失灵，且不能长时间制动。

（3）构造　叉车液压制动主缸固定在车架上，上部是储油室，用盖封闭，盖上开有通气孔与大气相通。储油室下部的进油口和回油口与主缸相连。主缸内的活塞圆周上开有 6 个小孔。活塞外端装有皮碗与回位弹簧。出油阀和回油阀共同组装在主缸内。CPQ10型、CPC30 型叉车制动主缸与储油室铸成一体，如图 4-37 所示。CPCD50 型叉车的制动主缸与储油室是分开的。

（4）工作原理　踩下制动踏板时，主缸活塞向右移动，弹簧被压缩，皮碗关闭了回油口，使缸内液体产生压力推开出油阀，经油管流入各制动轮缸内。这时轮缸活塞向外扩张，推动制动蹄与制动鼓接触而产生制动作用。

放松制动踏板时，主缸活塞借回位弹簧的推力回行。此时，制动系统中的油压降低，于是制动蹄回到初始位置，迫使轮缸内制动

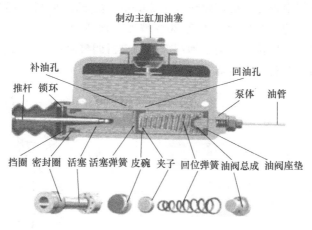

图 4-37　制动主缸

液流回主缸。此时主缸出油阀关闭，制动液推开回油阀，经回油阀周围流回主缸内，解除制动。

连续踩下制动踏板时，即踩下制动踏板而又急速松开时，主缸活塞很快退回，由于油管及总泵油阀对制动液的阻力，制动液不能随活塞同时退回主缸，此时主缸皮碗内端产生部分真空，活塞环形空间内所储存的制动液穿过活塞头部的 6 个小孔，经皮碗边缘补充到皮碗的内端。再次踩下制动踏板时，会因油量增加而得到更大的制动效能。

制动液经活塞头部的 6 个小孔和皮碗边缘流入活塞右腔时，储油室内的制动液也经进油孔流入活塞左腔和环形空间中，以备连续制动时再用。制动踏板完全松开后，从分泵流回主缸内的制动液会超过主缸的容量，于是多余的制动液经回油孔流回储油室。

四、特点

叉车在前轮上安装制动装置，因其后轮为转向轮，只有前驱动轮为制动轮，即后轮转向、前轮制动。叉车的行车制动器和驻车制动器一般共用一个作用在前轮的蹄式制动器，以使结构简化，如图 4-38 所示。行车制动踏板空行程为 20～30mm。踩下制动踏板后，前底板与踏板之间的间隙应大于 20mm。驻车制动手柄拉到底时应能使空载的叉车稳定地停在 20％坡度的坡道上。驻车制动手柄为凸轮式，可用位于制动手柄端部的调整器调整制动力。制动力的调整：顺时针转动调整器，制动力增大；反之，则减小。

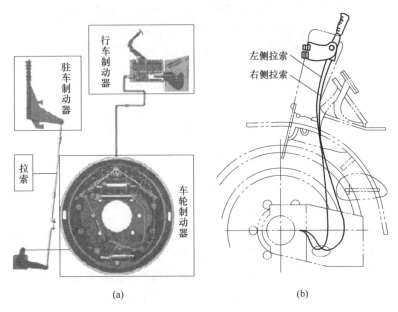

(a)

(b)

图 4-38 叉车制动系统的特点

五、类型

1. 液压制动系统

随着叉车起重量和行驶速度的提高，叉车制动器所应吸收的能量也随之增大，因此对制动器和制动驱动机构提出了更高的要求。仅靠驾驶员体力作为制动能源，通过机械杆来产生制动力矩已不能满足要求，目前叉车上多采用液压驱动机构来增加叉车制动器的驱动力。

（1）功用 它将驾驶员施加在制动踏板上的力转化为液体的压力，并传给制动蹄片，使车轮制动。

（2）工作原理 如图 4-39 所示，制动踏板上的力经推杆传到制动主缸的活塞上，压出缸内制动液（油压最高可达 $8 \sim 9\,\mathrm{MPa}$），经过制动管路流入制动轮缸，然后推动轮缸里的活塞把制动蹄压到制动鼓上产生制动作用。制动踏板上所加的力除去后，回位弹簧使轮缸内的活塞回复到原位，由主缸活塞压出的制动液沿油管流回主缸。这时在油管和轮缸内还保持有 $0.01 \sim 0.1\,\mathrm{MPa}$ 的剩余压力，以防止空气进入系统内，并帮助消除制动蹄和轮缸活塞间的间隙。

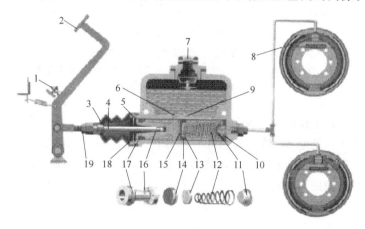

图 4-39　液压制动系统

1—限位螺钉；2—制动踏板；3—护罩；4—推杆；5—锁环；6—补油孔；
7—制动主缸加油塞；8—制动轮缸；9—回油孔；10—油阀座垫；11—油阀总成；
12—回位弹簧；13—夹子；14—皮碗；15—活塞弹簧；16—活塞；17—密封圈；
18—挡圈；19—锁紧螺母

2. 真空液压制动系统

（1）结构　真空液压制动系统是在简单液压制动系统的基础上，加设一套以发动机工作时在进气管中造成的真空度为动力源的真空加力装置。真空加力装置分为真空增压式和真空助力式两种，一般用在起重量较大的大、中型叉车上。真空增压式液压制动系统比简单液压制动系统多了一个真空增压器（真空加力气室、辅助泵、控制阀）和一套真空系统（真空单向阀、真空筒、真空管道）。它的真空源是发动机进气管，如图 4-40 所示。

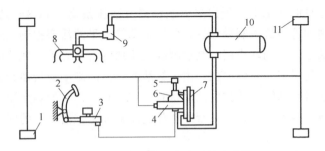

图 4-40 真空增压式液压制动系统

1—前制动轮缸；2—制动踏板；3—制动主缸；4—辅助泵；5—空气滤清器；
6—控制阀；7—真空加力气室；8—发动机进气管；9—真空单向阀；
10—真空筒；11—后制动轮缸

（2）工作原理 踩下制动踏板时，自制动主缸3压出的制动液先进入辅助泵4，液压油由此一部分传入前、后制动轮缸1和11，另一部分作用于控制阀6，使真空加力气室7对辅助泵活塞加力，进而使辅助泵和轮缸制动液压力远高于主缸，增大了制动力。

当发动机进气管的真空度高于真空筒的真空度时，真空单向阀打开；当发动机停止运转时，真空单向阀关闭。这样可保证真空筒及真空加力气室具有较高的真空度。

3. 电动叉车制动系统

电动叉车的制动装置有机械式和液压式两种。机械式制动装置一般为机械抱闸制动装置，装在行驶电动机轴的尾部，由制动盘和铰接在电动机盖上的制动闸组成，如图4-41所示。机械式制动器与限位接触器联锁，踩下制动踏板时，制动器松开，限位开关触点闭合；松开制动踏板时，制动器闭合，限位开关触点断开。车辆起步时，控制器必须放在零位，以保证车辆以最慢速度起步。踩下制动踏板后，接触器动作，然后才可将控制器从 0→1→2→3 挡速度逐渐上升，因此正向（前进）和反向（倒车）行车都有三挡速度切换。电动叉车在正常的行驶状态制动，是靠改变行驶方向来实现的（反向电流）。一些新型电动叉车上有液压制动、手动制动和电制动三套独立的制动系统。

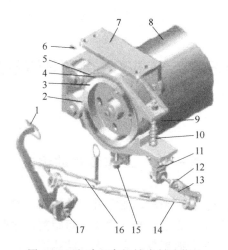

图 4-41　电动叉车机械式制动装置

1—踏板；2—下制动蹄；3—制动轮；4—制动带；5—上制动蹄；6—紧固螺钉；
7—支座；8—驱动电动机；9—复位弹簧；10—调整螺钉；11—拨板；
12—连杆；13—拨叉；14—球头螺杆；15—调整螺栓；
16—驻车制动装置；17—踏板轴

　　电动叉车使用的液压式行车制动装置与内燃叉车相同。行车制动装置通过电子控制运作，设有限位开关、鼓形控制器和接触器等。

第五章　叉车工作装置与液压系统

第一节　工作装置的组成

　　叉车的工作装置用来取、放、升、降货物，并在短途运输中承载货物，从而使叉车完成装卸、堆垛、短距离运输等工作。从设计制造和工作条件两方面划分，它有多种结构形式，图 5-1 所示为叉车基本型工作装置。

　　叉车的工作装置由取物装置（货叉和叉架）、门架（内门架和

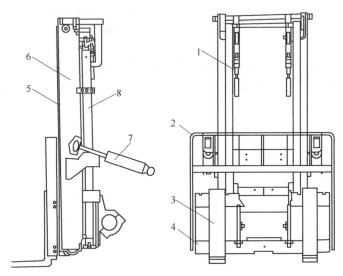

图 5-1　叉车基本型工作装置

1—起升链条；2—挡货架；3—货叉；4—叉架；5—内门架；
6—外门架；7—倾斜液压缸；8—起升液压缸

外门架）、起升机构、门架倾斜机构、液压传动装置和滚轮等部分
组成。

一、货叉

货叉是直接承载货物的叉形构件，它通过挂钩装在叉架上。两
货叉间的距离可以根据作业的需要进行调整，由定位装置锁定。货
叉在叉车上是成对使用的，主要有挂钩式和轴套式。它们的垂直段
用来和叉架相连，水平段支撑货物。水平段的前端制成楔形，便于
插入货物的底部。挂钩式货叉的上部有定位销，用于固定货叉在叉
架上的横向位置。货叉的主体是金属锻造件。

二、叉架

叉架用来安装货叉或其他可更换的属具，并带动货物垂直升
降。叉架由框架、滚轮架及挡货架等部分通过钢板焊接而成。如

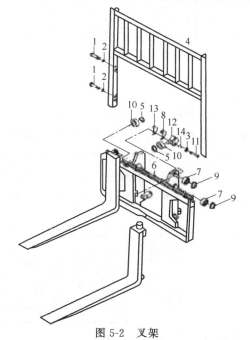

图 5-2　叉架

1,11—螺栓；2,3—垫圈；4—挡货架；5,9—挡圈；6—货叉架；7—主滚轮；

8,13—调整垫片；10—侧滚轮；12—侧滚轮轴；14—垫块

图 5-2 所示,内门架内侧具有上下方向的槽形轨道,叉架与内门架通过滚轮组、槽形轨道相接,使叉架沿内门架的轨道上下运动。叉架有两种形式:挂钩式和轴套式。

1. 挂钩式叉架

挂钩式叉架为板式结构,它与货叉连接部分的尺寸 a、b、h_3 和 x、y 处的形状尺寸,GB/T 5184 做了规定,以便货叉和其他属具能方便地互换。S 处的开口便于装拆货叉。Z 处的开口可为货叉横向定位。6t 以下的叉车绝大多数采用这种结构,如 CPQ10 型、CPCD30 型叉车等,如图 5-3 所示。

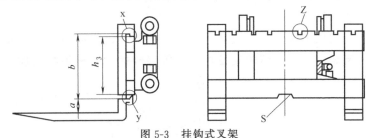

图 5-3 挂钩式叉架

2. 轴套式叉架

这种结构允许单个货叉向上摆动一个角度,在不平地面工作的叉车和货物在横向相差一个角度时,货叉的摆动能起到补偿作用。另外,在货叉轴的下方平行方向安装螺杆,可由人力转动螺杆,方便调整货叉位置,此处也可安装液压缸,利用液压力移动货叉,因此在越野叉车和大吨位叉车上得到了广泛应用,如图 5-4 所示。

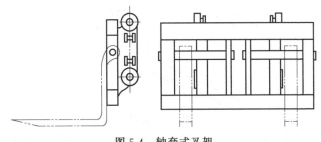

图 5-4 轴套式叉架

三、门架

门架是叉车起升机构的骨架。它一方面支承起升液压缸，承受货物重力等垂直力；另一方面，货物给货叉的力矩通过叉架传给门架，使门架承受纵向弯曲力矩。门架又通过下部铰轴及倾斜液压缸将力传给车架，并保证门架的平衡。

叉车门架基本型为两级门架，货叉标准起升高度为 3m。在堆垛很高而叉车总高度受限制时，可以采用三级门架或多级门架。例如 CPD1.5～CPD5 型叉车即为三级门架，起升高度可达 5m。

叉车门架由内门架和外门架组成，内、外门架均为门形框架。排列形式分为重叠式、并列式和综合式三种，见表 5-1。

表 5-1　三种门架形式特性比较

排列形式	内门架断面	门架导程	视野	滚轮间距	内门架刚性
重叠式	槽形	滑动	好	中	弱
并列式	槽形	滚动	较差	小	一般
综合式	工字、异形	滚动	较差	较大	强

1. 内门架

内门架指可以沿外门架上下伸缩的部分。内门架是由两个槽形型材作立柱，并和横梁组焊而成的框架结构，它与外门架的连接方式一样，只能沿外门架上下平动。

2. 外门架

外门架指外侧固定不升降的部分，它由槽形立柱和横梁组焊形成框架结构。其下部铰接在叉车驱动桥（前桥）上，借助倾斜液压缸的作用，门架可以在前后方向倾斜一定角度。门架前倾是为了装卸货物方便，后倾的目的是在叉车行驶时防止货叉上的货物滑落。

单起升液压缸带部分自由起升的两级 CL 型门架如图 5-5 所示。

四、起升机构

起升机构将起升液压缸中活塞的运动传给叉架，以便使货物上升或下降。起升机构由起升液压缸、起重链、导向滑轮和导轮架等

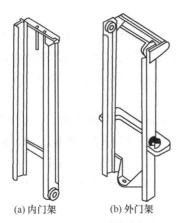

(a) 内门架　　　(b) 外门架

图 5-5　内、外门架

部分组成。

起升液压缸通过链轮带动内门架、叉架上升，下端置于外门架横梁上，上端与内门架横梁和链轮连接。起重链的一端与外门架下部连接，另一端绕过链轮与叉架相连。向液压缸通入压力油时，活塞杆以速度 v 向上运动并带动链轮，内门架以同样的速度起升。根据动滑轮原理可知，链条牵动叉架以 $2v$ 速度起升。当液压缸全行程终了时，内门架处于外门架上方极端位置，

叉架处于内门架上方极端位置。泄掉液压油时，货物或货叉等靠自重下降。

因为货叉起升只需要单作用液压缸，因此柱塞缸、活塞缸都有应用。受生产条件影响，早期多用柱塞缸，但柱塞缸易产生外漏，且尺寸和重量大，因此目前多采用活塞缸，如图 5-6 所示。在一部分全自由起升叉车上还采用两级起升液压缸，如图 5-7 所示。外缸活塞比内缸活塞面积大，起升时，外缸活塞首先动作带动货叉上升至极限位置，并由机械限位；当压力继续上升时，内缸活塞才动作并带动内门架起升；下降时，内缸活塞先

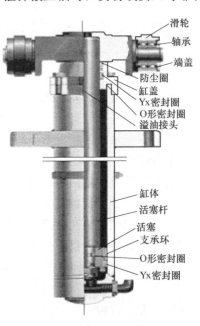

滑轮
轴承
端盖
防尘圈
缸盖
Yx密封圈
O形密封圈
溢油接头

缸体
活塞杆
活塞
支承环
O形密封圈
Yx密封圈

图 5-6　活塞式起升液压缸

动作，外缸活塞后动作。

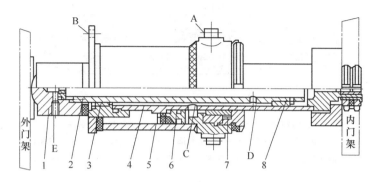

图 5-7　全自由两级起升液压缸

1—缸底；2—内缸筒；3—内缸导向套；4—中间缸筒；5—外缸筒；6—活塞；

7—中间导向套；8—导向套；A—起升链轮位置；B—起重链固定位置；

C—中间缸筒孔道；D—内缸筒孔道；E—进、出油孔

五、门架倾斜机构

门架倾斜机构实现货叉的前倾和后倾，使货叉便于叉取和堆放货物，并在载货行驶时，保证货物的稳定，减少叉车的倾覆力矩，制动时不致使货物从货叉上滑落。一般要求叉车门架能前倾 $3°\sim6°$，后倾 $10°\sim12°$。门架倾斜机构由一个或两个双作用的倾斜液压缸组成，液压缸活塞杆和外门架铰接在一起。

倾斜液压缸一般都是双作用的活塞式液压缸，且为两端铰接的摆动液压缸。其组成结构如图 5-8 所示。

六、滚轮

滚轮是叉架与门架或门架与门架之间用于导向和传力的部件，分为侧滚轮（纵向滚轮和横向滚轮）和主滚轮两种，分别安装在外门架、内门架和叉架上。主滚轮承受前后方向的负荷，侧滚轮承受侧面负荷，使内门架和叉架运动自如，如图 5-9 所示。纵向滚轮负荷大，外径也大，通常制成专用的滚动轴承，轴承的外圈即为滚轮。横向滚轮负荷小，大多受结构限制，外径较小，常制成滑动轴承或滚针轴承。主滚轮实质上是将横向滚轮布置在纵向滚轮的芯轴

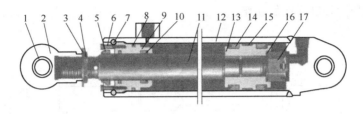

图 5-8 倾斜液压缸

1—含油轴承；2—耳环；3—止推垫圈；4—螺母；5—防尘圈；

6—压盖；7—弹簧圈；8—O形密封圈；9—导套；10,14—Yx密封圈；

11—活塞杆；12—缸体；13—活塞；15—支承环；16—垫圈；17—槽形螺母

内，采用它可以加大横向滚轮的中心距，如图 5-10 所示。还有用同一滚轮承担纵、横两个方向导向的形式，如图 5-11 所示。

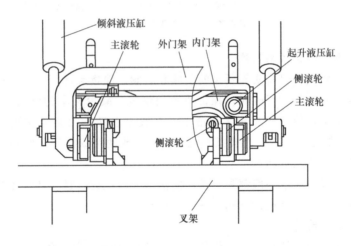

图 5-9 滚轮布置（一）

七、横移机构

在一些内燃叉车和电动叉车上还设有横移机构，其作用是在作业时使货叉横向移动，降低叉车作业时对准货垛的要求，不必反复倒车，从而节省作业时间。对于在狭窄场地工作，如在火车车厢内作业，效果更为明显。

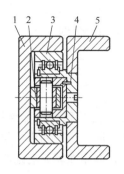

图 5-10　滚轮布置（二）

1—外门架；2—侧滚轮；3—轮
壳；4—销；5—内门架

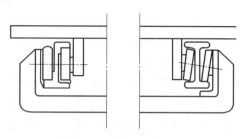

图 5-11　滚轮布置（三）

横移机构由平移滚轮、叉架、滑板、平移油缸、轴承和挂钩组成，如图 5-12 所示。平移油缸的缸体固定在叉架上，活塞杆头固定在滑板上。当平移油缸通入高压油时，油缸推动滑板，滑板通过平移滚轮和轴承沿叉架横向移动；货叉与滑板相连，从而使货叉横向移动。挂钩的作用是保证滑板横向滑动时不上下窜动和纵向窜动，保证货叉正常叉取货物。

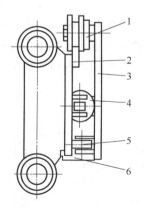

图 5-12　横移机构

1—平移滚轮；2—叉架；3—滑板；4—平移油缸；
5—轴承；6—挂钩

第二节　叉车工作装置的主要类型

一、按起升形式分

1. 无自由起升

无自由起升式门架中，内门架和起升液压缸活塞杆上部连接，活塞开始动作时，两者位移和运动速度完全相同，货叉和内门架同时起升。无自由起升工作装置的结构最简单，多用在露天场地起重量比较大的叉车上，如图 5-13 所示。

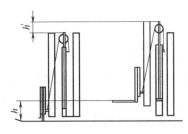

图 5-13　无自由起升工作装置示意图
h'—活塞杆起升高度；h—货物起升高度

2. 部分自由起升

部分自由起升是在叉车外形高度不变的情况下，能将货物起升 30cm 左右，使叉车在不增加外形高度的情况下，能方便地通过仓库和车厢门。

部分自由起升在货叉从地面起升到最大起升高度过程中，可分为三个阶段（图 5-14）：第一阶段，货叉以液压缸 2 倍的行程起升，内门架不动，叉车的整车高度不变；第二阶段，货叉以液压缸 2 倍的行程起升，内门架起升和液压缸的行程同步；第三阶段，内门架和货叉同步以 2 倍的液压缸

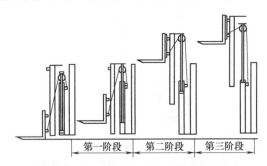

图 5-14　部分自由起升工作装置示意图

行程起升，直到最大起升高度。该起升形式多用于出入库房、车间的 6t 以下叉车，如 CPQ20、CPCD30 和 CPCD50 等型叉车。

3. 全自由起升

全自由起升是当叉架沿内门架移动全行程时，内门架静止不动，叉车总高度不变，如图 5-15 所示。叉车既能在低净空场所进行低高度的堆码装卸作业，又能在净空较大的场所利用最大起升高度，从而扩大了其使用范围。门架的起升分为两个阶段：第一阶段，内门架不动，货叉沿内门架起升直到其最上端；第二阶段，货叉相对内门架不动，随内门架一同起升至最大起升高度。这是靠两套液压缸（自由起升液压缸和起升液压缸）实现的。两套液压缸油路是并联的。自由起升液压缸的动作压力低，因此它总是先起后降。全自由起升装置多用于在低矮仓房、车厢内和集装箱内进行拆码作业的 3t 以下叉车。

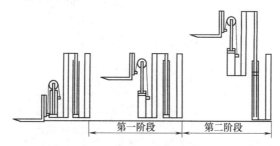

图 5-15　全自由起升工作装置示意图

二、按门架级数分

1. 单级门架

它只有一个门架，叉架沿门架起升，液压缸短，最大起升高度永远低于叉车高度，结构简单，刚性好，只在起升高度很小的叉车上使用。

2. 两级门架

在单级门架的基础上多加了一个内门架。它的起升高度可以高于叉车的高度，是叉车上应用最多的一种形式。

3. 三级门架

在内、外门架之间加了一个中门架，形成三级伸缩机构。它的起升高度与叉车全高相差悬殊，在要求起升高度大或叉车的全高受到限制时采用这种形式，其结构复杂，驾驶员的视野差，如图 5-16 所示。

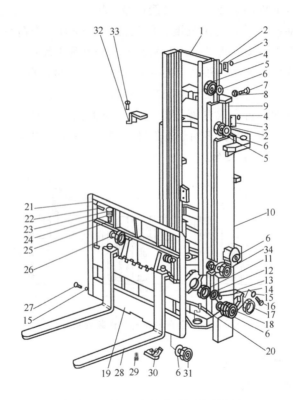

图 5-16 具有三级门架的工作装置

1—内门架；2—支板；3—垫片；4—O 形圈；5,11,18,31,34—起升滚轮；
6,13—垫圈；7,16,27,29,33—螺栓；8,15—弹性垫圈；9—中门架；
10—外门架；12—卡环；14—侧滚轮；17—门架支承衬套；19—框架总成；
20,22—弹簧销；21—挡货架；23—货叉定位钮；24—定位钮弹簧；25—插销；
26—轴挡圈；28—货叉；30—滚子罩；32—罩

三、按液压缸布置形式分

单起升液压缸布置在门架的中央，影响驾驶员观察货叉和前方的路面。由两个缸径比较小的液压缸布置在门架立柱的后侧，消除了液压缸对驾驶员视野的影响。单起升液压缸门架是早期出现的形式，由于结构简单，成本低，目前还有少量叉车保留该形式。双液压缸宽视野门架是 20 世纪 60 年代末出现的结构，目前绝大多数叉车采用这种结构，如图 5-17 所示。

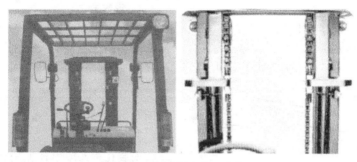

图 5-17　宽视野叉车工作装置

四、按门架立柱截面形状和立柱布置分

门架立柱专用的型材是热轧、冷拔、挤压或组焊而成的，主要截面形状如图 5-18 所示。

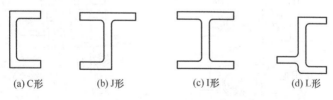

(a) C形　　　(b) J形　　　(c) I形　　　(d) L形

图 5-18　门架立柱截面形状

立柱为一细长杆，并承受很大的集中载荷，使它纵向、横向弯曲和扭转，因此其截面设计成在面积尽可能小的情况下，得到最大的纵向截面二次矩、足够的横向截面二次矩及截面二次极矩。门架立柱采用的形状要与其在叉车上的布置和门架滚轮组的布置一起综合考虑。

第三节 叉车属具

叉车属具是在叉车的叉架上增设或替代货叉进行多种作业的承载装置。叉车除使用货叉作为基本的承载装置外，还可以配用各种形式的可拆换属具进行作业。这就扩大了叉车的使用范围，提高了叉车的作业效率。目前属具已达 30 多种，以下为常用属具。

1. 货叉套

套在货叉上，用来增加承载长度的构件，如图 5-19 所示。

2. 串杆

插在货物中的棒状属具，如图 5-20 所示。

3. 吊钩

安装在货叉或串杆上用于吊货物的起重钩，如图 5-21 所示。

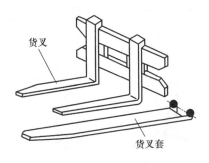

图 5-19 货叉套

图 5-20 串杆

图 5-21 吊钩

4. 起重臂

用于起重作业的臂架和吊钩，如图 5-22 所示。

5. 倾翻货叉

与挡货架一起倾翻的货叉，如图 5-23 所示。

图 5-22 起重臂

图 5-23 倾翻货叉

6. 铰接倾翻货叉

挡货架不动而单独进行倾翻的货叉，如图 5-24 所示。

7. 摆动货叉

用于装卸筒形货物，绕货叉上部铰点可以左右摆动的货叉，如图 5-25 所示。

图 5-24 铰接倾翻货叉

图 5-25 摆动货叉

8. 侧移货叉

货叉梁能横向移动的货叉，如图 5-26 所示。

9. 间距可调货叉

间距可用液压缸进行调整的货叉，如图 5-27 所示。

10. 前移货叉

能相对门架前后移动的货叉，如图 5-28 所示。

图 5-26 侧移货叉

图 5-27 间距可调货叉

11. 推出器

可将货物从货叉上推出的属具，如图 5-29 所示。

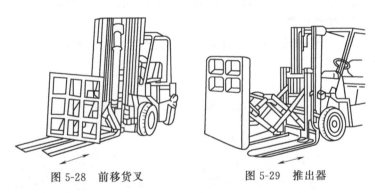

图 5-28 前移货叉   图 5-29 推出器

12. 夹持器

夹持货物的属具，如图 5-30 所示。

13. 载荷稳定器

压住货叉上的货物，防止其倒塌滑落的属具，如图 5-31 所示。

14. 倾翻斗

装卸散状物料的属具，如图 5-32 所示。

15. 推拉器

可将货物连同滑板一起装卸的属具，如图 5-33 所示。

16. 集装箱吊具

吊装挂运集装箱的属具，如图 5-34 所示。

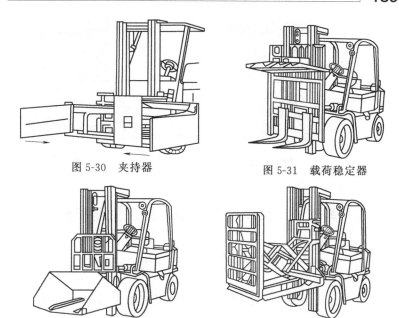

图 5-30　夹持器　　　　　　　　图 5-31　载荷稳定器

图 5-32　倾翻斗　　　　　　　　图 5-33　推拉器

17. 回转货叉

货叉梁可绕水平轴回转的货叉，如图 5-35 所示。

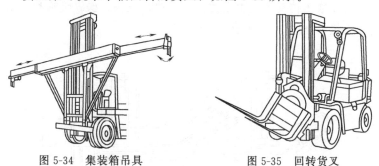

图 5-34　集装箱吊具　　　　　　图 5-35　回转货叉

18. 回转夹持器

可绕水平轴回转的夹持货物的属具，如图 5-36 所示。

19. 三向货叉

可以在叉车前方和左右两侧装卸货物的货叉，如图 5-37 所示。

图 5-36　回转夹持器

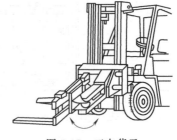

图 5-37　三向货叉

第四节　叉车液压传动系统及主要部件

一、叉车液压传动系统简介

1. 功用

叉车液压传动系统是利用工作液体传递能量的传动机构，主要用于门架的起升和倾斜机构的工作，具有结构紧凑、传动平稳、调节及换向方便等优点。

2. 组成

叉车液压传动系统由动力机构、执行机构、操纵机构和传动介质等组成，如图 5-38 所示。

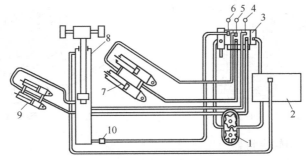

图 5-38　叉车液压传动系统结构简图

1—液压泵；2—油箱；3—多路换向阀；4—属具阀杆；5—倾斜阀杆；6—起升阀杆；
7—倾斜液压缸；8—起升液压缸；9—属具液压缸；10—单向节流阀

（1）**动力机构**　指液压泵，用来将机械能传给液体，形成液体压力。

（2）**执行机构**　由液压缸（起升液压缸、倾斜液压缸）把液体的压力能转换为机械能，输出给取物装置。

（3）**操纵机构**　又称控制调节机构，用来控制和调节液流的压力、流量（速度）及方向，以满足叉车工作性能的要求，并实现各种不同的工作循环，主要有多路控制阀、分流阀和安全阀等部件。

（4）**辅助装置**　主要有油管、油箱和滤油器等，其作用是输送、储存和过滤液压油，以及保温、冷却、沉淀杂质等。

（5）**传动介质**　液压油充当能量传递的介质，并有冷却、沉淀杂质等作用。

3. 原理

叉车液压传动系统利用密封容积内的液体不仅能传递力，还能传递运动的原理，通过油液把运动传给工作液压缸（起升液压缸、倾斜液压缸和转向液压缸），实现装卸货物的目的。液压泵在发动机带动下旋转时，不断从油箱吸入工作油，产生高压油后沿高压油管送到多路换向阀，再由驾驶员操纵多路换向阀各阀杆，将工作油送入所需要的工作油缸，实现起升、降落、前倾和后倾等动作，如图5-39所示。

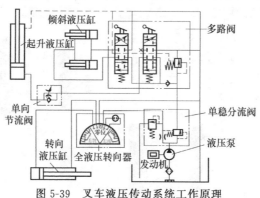

图 5-39　叉车液压传动系统工作原理

4. 实例

图 5-40 所示为 CPCD50 型叉车液压传动系统。

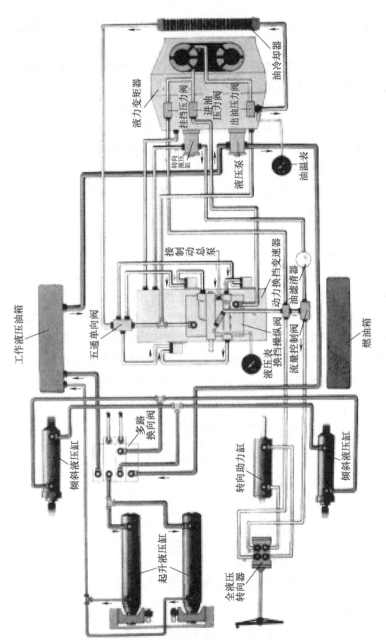

图 5-40 CPCD50 型叉车液压传动系统

柳工 CPC（D）20-25 型内燃平衡重式叉车，采用先进的负荷传感液压传动系统，消除了多余损耗的液压油，并且更安全、可靠，提高工作效率，降低能耗，从而节约使用成本，如图 5-41 所示。

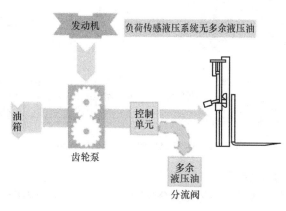

图 5-41　柳工 CPC（D）20-25 型内燃平衡重式
叉车液压传动系统

二、叉车液压传动系统的主要部件

1. 液压泵

叉车的液压泵又称油泵，它将发动机的机械能转变为液压能，是叉车液压系统的动力机构。它分为叶片泵（用 YB 表示）、齿轮泵（用 CB 表示）和柱塞泵三种。叶片式油泵的特点是结构紧凑、流量均匀、噪声小，我国早期生产的小吨位叉车大都采用 YB 型双作用叶片式油泵。齿轮式油泵由泵体、齿轮副、衬板和油封组成，它构造简单、可靠性高、自吸能力强、价格便宜，效率较高的高压齿轮泵应用广泛，叉车大多采用高压齿轮泵代替叶片泵。如图 5-42 所示，CPQ10 型内燃叉车采用 CB-F25C 型齿轮泵，额定压力为 14MPa，额定流量为 25.25L/min（1000r/min 时），系统工作压力为 9MPa。有时为了结构紧凑，把分流阀设计在齿轮泵的后盖上。柱塞泵容积效率高，泄漏少，可在高压下工作，多用于大功率液压系统。

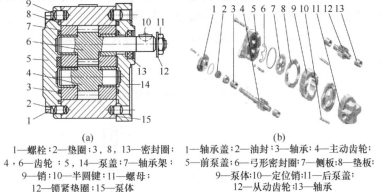

(a)

1—螺栓;2—垫圈;3，8，13—密封圈;
4，6—齿轮;5，14—泵盖;7—轴承架;
9—销;10—半圆键;11—螺母;
12—锁紧垫圈;15—泵体

(b)

1—轴承盖;2—油封;3—轴承;4—主动齿轮;
5—前泵盖;6—弓形密封圈;7—侧板;8—垫板;
9—泵体;10—定位销;11—后泵盖;
12—从动齿轮;13—轴承

图 5-42 CB-F25C 型齿轮泵的结构组成

2. 单稳分流阀

单稳分流阀是一种优先型分流阀，叉车工作装置液压系统和全液压转向系统共用一高压齿轮泵供油时，它可保证其中任一分系统的卸荷不影响另一分系统的正常工作。该阀常用于带液压转向的内燃叉车，用来确保转向油路的稳定供油。其组成如图5-43（a）所示。

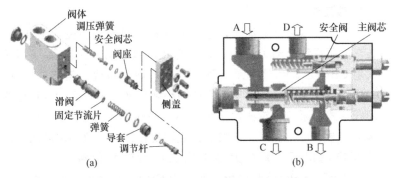

(a)

(b)

图 5-43 单稳分流阀的组成及工作原理

工作原理如图5-43（b）所示，A口接液压泵的压力油，B口接液压转向器，C口接多路换向阀，D口接油箱回油。压力油从A口进入，通过主阀芯内孔，由B口流出，首先确保转向油路的供油；当液压泵的流量足够时，在 A 口产生的压力向右推动主阀芯，打开 C 口为多路换向阀供油，若油压过高，则安全阀打开，压力油从 D 口溢流，对系统起到保护作用。

3. 多路换向阀

叉车上主要采用滑阀式分片多路换向阀，分为整体式（外壳铸成一体）和剖分式（数个单独阀体用螺栓连接而成）。在叉车用货叉工作时，只需要两片式多路换向阀（图 5-44）分别控制起升和

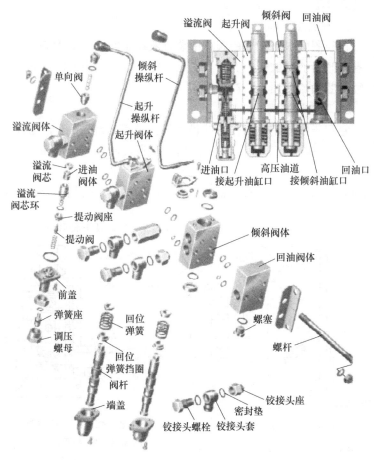

图 5-44　两片式多路换向阀

倾斜,有时也将两片式多路换向阀和溢流阀、分流阀制成一个整体。叉车加装属具时根据属具的动作可另外加片。多数叉车采用剖分式多路换向阀。

多路换向阀在使用中应注意,操纵换向阀手柄不可过快、过猛,以免在液压系统内造成压力冲击或折断手柄;不可随意调整溢流阀调压弹簧的调节螺母;保持换向阀上防尘罩、防尘圈的完整性,以免灰尘、杂质进入阀内;定期检修、维护,保持多路换向阀的良好性能。

4. 液控止回阀

在控制倾斜液压缸的阀杆中装有液控止回阀,如图 5-45 所示。只有向倾斜液压缸后腔充油并产生一定压力时,止回阀才开启,液压缸前腔油流回油箱,产生前倾。

5. 下降调速阀

它用于限制正常工作时的最大下降速度(图 5-46),也称单向节流阀。它在向起升液压缸充油时,油通过阀体 6 下部和上部圆周分布的孔进入液压缸,此时节流作用很小;油流反向流动时,由于阀内各腔压力变化,首先推动阀芯 4 向下移动,使阀体上的过流孔

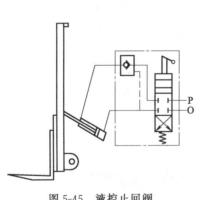

图 5-45 液控止回阀

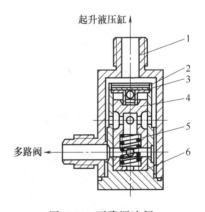

图 5-46 下降调速阀

1—阀座;2—挡圈;3—上盖;
4—阀芯;5—弹簧;6—阀体

开度变小产生节流，控制流速。载荷越大，液压缸压力越高，阀芯下移量越大，节流作用也越强，从而实现负荷越大下降速度越慢的特性。

6. 液压缸

叉车一般装有起升液压缸、倾斜液压缸和转向液压缸等，根据需要还可以安装与功能相配的横移液压缸，结构基本相似，这里不再赘述。

第六章　内燃叉车电气设备

　　内燃叉车的电气设备由电源系统、用电设备（启动系统、点火系统、照明装置、信号装置、电子控制装置、辅助电器）、电气控制装置（各种仪表、报警灯）与保护装置（接线盒、开关、熔断装置、插接件、导线）等组成。

　　内燃叉车电气设备的特点是低压、直流、单线制、负极搭铁和并联。"低压"指电气系统的电压等级采用12V和24V两种（标称电压），这是从每单格蓄电池按2V电压计算所得到的数值，并不是电气系统的额定工作电压。12V用于汽油机和部分装有小功率柴油机的内燃叉车上，24V一般用于装用大、中功率柴油机的叉车上。为使内燃叉车工作时发电机能对蓄电池充电，内燃叉车电气系统的额定电压为14V和28V。"直流"指起动机为直流电动机，必须由蓄电池供电，而蓄电池电能不足时必须用直流电来充电。"单线制"指从电源到用电设备之间只用一条导线连接，而另一条导线则由金属导体制成的发动机机体和叉车车身代替构成闭合电路的接线方式。"负极搭铁"指采用单线制时，蓄电池的负极必须用导线接到车体上，电气设备与车体的连接点称为搭铁点，即具有正、负极的电气设备，统一规定为负极搭铁。"并联"指叉车所有用电设备都是并联的。

第一节　电源系统

　　内燃叉车的电源系统由蓄电池、发电机、调节器和工作情况指示（充电指示）装置构成。各部件相互协调、共同工作。发电机作为叉车正常工作时的主要电源，除向起动机以外的用电装置供电外，还为蓄电池充电。蓄电池作为叉车的第二电源，主要向起动机供电，并在发电机不发电或供电不足时，作为辅助供电电源。发电机的输出电压由调节器调整，以保持供电电压恒定。工作情况指示装置用于指示电源系统的工作情况，如发电机是否正常发电，蓄电池处于充电还是放电状态，调节器的工作电压是否正常等。

一、蓄电池

蓄电池是一种化学能供电源，用来放电和接受充电而被重复使用的储能设备，也称二次电池。

1. 蓄电池的分类

按照蓄电池电解质的性质分，有酸性蓄电池（铅酸蓄电池）和碱性蓄电池。

按照蓄电池用途和外形结构分，有固定型蓄电池和移动型蓄电池（包括车用、船用等）。

按照蓄电池的功能分，有启动型蓄电池（包括普通式、干荷电式和免维护式）和动力（驱动）型蓄电池。

按照蓄电池极板的结构分，有涂膏式、化成式、半化成式和玻璃丝管式等。

2. 蓄电池的型号参数

（1）蓄电池的型号　由三部分组成，每部分之间用"-"连接：

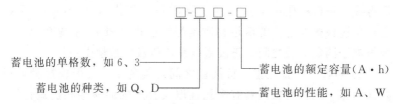

第一部分表示蓄电池的单格数，"6"表示该蓄电池共有6个相同的单格，若只有一个单格（如电动叉车用蓄电池），则省略不标；第二部分前半部分"Q"表示启动型蓄电池，"D"表示动力型蓄电池，后半部分"A"表示蓄电池的极板为干荷电式、"W"表示免维护型蓄电池；第三部分表示蓄电池的额定容量，单位为 A·h。

例如，6-QA-165DFB表示额定电压12V，额定容量165A·h，启动用、干荷电、带液、防酸、半密闭式蓄电池。龙工系列内燃叉车使用的 6-QW-90 型蓄电池型号含义为额定电压 12V，额定容量 90A·h，启动用、免维护型。

（2）蓄电池的参数　主要有标称电压和额定容量。单格铅酸蓄电池端电压为 2V，6 个单格蓄电池串联后得到 12V 电压，用于采用 12V 电气系统的内燃叉车。将两个 12V 的蓄电池串联后得到 24V 电压，用于采用 24V 电气系统的内燃叉车。

3. 内燃叉车蓄电池的特点

内燃叉车上使用的蓄电池为启动型，主要向起动机供电，额定容量是按 20h 放电率确定的，即充足电的蓄电池，在电解液温度为 (25 ± 5)℃范围内，以其额定容量的 1/20 作为放电电流，连续放电至单格电压为 1.75V 时，放电电流与放电时间的乘积，单位是 A·h。在启动发动机时需输出大的电流，要求它有尽量大的容量和小的内阻。

4. 普通铅酸蓄电池

（1）构造　蓄电池由极板、隔板、电解液、外壳、极柱和连接板组成。每单格的端电压为 2V，6 个完全相同的单格串联得到标定电压为 12V 的蓄电池，如图 6-1 所示。

① 极板。包括正极板和负极板，由栅架和涂在上面的活性物质组成。正极板栅架上涂的活性物质是二氧化铅（PbO_2），呈棕色；负极板栅架上涂的活性物质是海绵状铅（Pb），呈青灰色。正极板夹于两负极板之间，正极板数量比负极板数量少一片。

② 隔板。放置在正、负极板之间，避免正、负极板接触造成内部短路。隔板材料应具有多孔性以及良好的耐酸性和抗氧化性，通常采用木质、微孔橡胶、微孔塑料和玻璃纤维等，其中以微孔橡胶和微孔塑料用得最多。有的隔板一面带槽，安装时有槽一面应竖直放置并面向正极板。

③ 外壳。蓄电池外壳是用来盛放电解液和极板组的。外壳的材料有硬橡胶和工程塑料，要求其耐酸、耐热且耐振。塑料壳蓄电池的外壳为整体结构，内分 6 个互不相通的单格，底部有凸起的支

撑条以放置极板组，支撑条间的空隙形成沉淀池，用于积存脱落下来的活性物质。每个单格的盖子中间有加液孔，加液孔螺塞顶部有一通气孔，工作中的化学反应气体由此逸出。在极板组上部通常装有一片耐酸塑料防护网，以防测量电解液密度、液面高度或加液时损坏极板。硬橡胶外壳蓄电池有 6 个上盖，与外壳用沥青、机油及石棉等组成的封口剂密封固定。

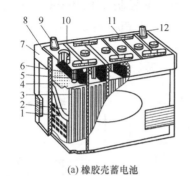
(a) 橡胶壳蓄电池

1—负极板；2—隔板；3—正极板；4—防护板；
5—单格电池正极板组接线柱；
6—单格电池负极板组接线柱；7—蓄电池壳；
8—封料；9—负极接线柱；10—隔板；
11—连接单格电池的横铅条；12—正极接线柱

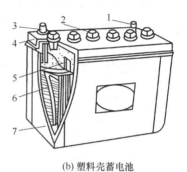
(b) 塑料壳蓄电池

1、3—(正、负)极柱；2—加液孔螺塞；
4—盖；5—连接条；6—极板组；7—外壳

图 6-1 蓄电池的构造

④ 连接板与极柱。用于实现蓄电池内外电路连接。蓄电池的极柱外形有圆柱形和吊耳形，极柱通常有"＋""－"标记，或在正极柱涂红漆。硬橡胶壳蓄电池连接板和极柱露出蓄电池的上表面；塑料壳蓄电池连接板封在内部，只留出电池组的正、负极柱。

⑤ 电解液。由纯硫酸（H_2SO_4）和纯水（H_2O）按一定比例制成。初次加入蓄电池的电解液密度一般为 $1.26 \sim 1.28 g/cm^3$；使用过程中，蓄电池的电解液密度是变化的，其范围为 $1.10 \sim 1.28 g/cm^3$；配制电解液一定要用专用的纯硫酸和纯水（蒸馏水、离子交换水等），且储存电解液需用加盖的陶瓷、玻璃或耐酸塑料容器，以提高蓄电池性能和使用寿命。

（2）工作原理　蓄电池的工作原理是电能和化学能的互相转化过程，包括放电和充电两种状态。

① 放电：将蓄电池极板与负载接通，内部的化学能转化为电能。正极板上的 PbO_2 和负极板上的海绵状 Pb 均变成 $PbSO_4$，电解液中的硫酸消耗减少，相对密度下降。

② 充电：将蓄电池与高于其端电压的直流电源（充电器）并联，充电器的电能转化为化学能。正极板上的 $PbSO_4$ 转变为 PbO_2，负极板上的 $PbSO_4$ 转化为海绵状 Pb，电解液中 H_2SO_4 增多，相对密度上升。

蓄电池的充、放电过程如图 6-2 所示。

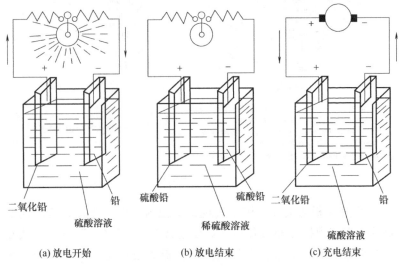

| 二氧化铅 | 铅 | 硫酸铅 | 硫酸铅 | 二氧化铅 | 铅 |

二氧化铅　　　铅　　　硫酸铅　　　硫酸铅　　　二氧化铅　　　铅

硫酸溶液　　　　稀硫酸溶液　　　　硫酸溶液

(a) 放电开始　　　　(b) 放电结束　　　　(c) 充电结束

图 6-2　蓄电池的充、放电过程

5. 免维护蓄电池

（1）类型　免维护蓄电池主要有两种：一种是在购买时一次性加电解液，以后使用中不需要维护（添加补充液）；另一种是蓄电池出厂时已经加好电解液并封死，不能加补充液。

（2）组成　由正、负极板及隔板、壳体、电解液和接线柱等组成，如图 6-3 所示。免维护蓄电池极板的栅架用铅钙合金制造，传统蓄电池用铅锑合金制造，这是两者的根本区别。

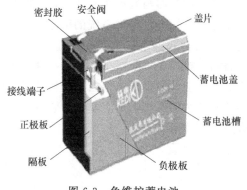

密封胶　安全阀　　　　　　盖片

接线端子

正极板

隔板

蓄电池盖

蓄电池槽

负极板

图 6-3　免维护蓄电池

　　(3) 特点　免维护蓄电池与普通蓄电池、干荷蓄电池相比，在结构上具有一定优势：一是由于外壳采用密封结构，释放出来的硫酸气体也很少，电解液的消耗量非常小，在使用寿命期内基本不需要补充蒸馏水；二是具有耐振、耐高温、体积小、自放电小等特点，且对接线柱和电线腐蚀少；三是在正常充、放电电压下，极板有很强的抗过充电能力，且具有内阻小、启动电流大、低温启动性能好、电量储存时间长等特点，其使用寿命一般为普通蓄电池的两倍。

　　二、发电机

　　车用发电机有直流和交流之分，目前国产汽车和内燃叉车全部采用交流发电机。交流发电机上的整流装置用硅整流二极管制成，因此又称为硅整流发电机。

　　1. 交流发电机的功用

　　交流发电机由发动机驱动，其功用是发动机正常工作时向用电设备供电，并为蓄电池充电。

　　2. 交流发电机的类型与特点

　　按交流发电机的结构不同可分为普通式（JF）、整体式（JFZ）、无刷式（JFW）和带泵式（JFB）等类型。按整流器结构不同可分为六管、八管、九管和十一管交流发电机。按磁场绕组搭铁形式不同可分为内搭铁型、外搭铁型。

整体式发电机将调节器与发电机制成一体，简化了发电机与调节器之间的线路连线，提高了电源系统的工作可靠性，减少了电气系统故障的发生。无刷式发电机取消了发电机工作时的薄弱环节（电刷、滑环结构），提高了发电机工作的可靠性。带泵式发电机是在普通发电机的基础上，增设了一个由发电机轴驱动的真空泵，用于驱动装用柴油发动机的叉车上的真空助力装置。

3. 交流发电机的表示方法

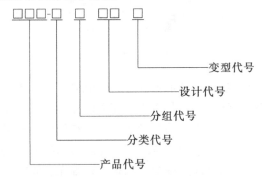

产品代号：JF、JFZ、JFW、JFB。

分类代号：表示发电机的电压等级，1 表示 12V 电气系统用，2 表示 24V 电气系统用。

分组代号：表示发电机的输出电流或输出功率。按功率等级分：1 表示 180W 以下；2 表示 180～250W；3 表示 250～350W；5 表示 350～500W；7 表示 500～750W；8 表示 750～1000W；9 表示 1000W 以上。

设计代号：按产品设计先后顺序，由 1～2 位数字组成。

变型代号：用字母表示，注意不能用 I 和 O 两个字母。

例如：485 型、490 型和 495 型叉车发动机装用的 JF151A 型交流发电机，型号含义为交流发电机，12V 电气系统用，功率为500W，额定电流为 36A，第一种设计型号，第一次改型。

4. 交流发电机的构造

交流发电机由转子、定子、整流器和前、后端盖及传动散热装置等组成，如图 6-4 所示。

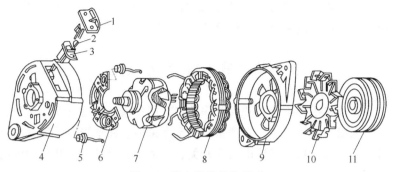

图 6-4　发电机的结构组成

1—电刷弹簧压盖；2—电刷及弹簧；3—电刷架；4—后端盖；5—整流二极管；
6—元件板；7—转子；8—定子；9—前端盖；10—风扇；11—传动带轮

（1）转子　由两个相互交错的爪极，组成六对磁极，两个爪极中间放磁场绕组。它用来建立磁场，转子的磁极单个形状像鸟嘴，故称"鸟嘴形磁极"或爪极。磁极制成鸟嘴形，可以保证定子绕组产生的交流电动势近似于正弦曲线。

爪极和套有磁场绕组的磁轭（铁芯），都压装在滚有花纹的转子轴上，转子一端压装有滑环。滑环由两个彼此绝缘的铜环组成，磁场绕组两端引出导线，通过爪极的出线孔后，再焊到两个滑环上，滑环与电刷接触，然后引至磁场接线柱。

（2）定子　由铁芯和三相绕组组成，它用于产生和输出交流电。定子铁芯由带槽的硅钢片叠成，固定在两端盖之间，槽内置有三相绕组，用星形或三角形接法连接在一起，端头 A、B、C 分别与散热板和端盖上的二极管相连。

（3）整流器　一个由六只硅二极管组成的三相桥式整流电路。定子绕组中的三相交流电是经整流器整流后转变成直流电的。

（4）前、后端盖　由非导磁性材料铝合金铸造而成，可减少漏磁且具有轻便、散热性能良好等优点。在后端盖上装有电刷架，两个电刷装在电刷架的孔内，借弹簧弹力与滑环保持接触。端盖还用于发电机在发动机上的安装固定和传动带张紧力的调整。

（5）散热装置 发电机的后端盖上有进风口，前端盖有出风口，传动带轮由发动机曲轴驱动时，发电机转子轴上的风扇旋转，使空气流经发电机内部进行冷却。

第二节 启 动 系 统

发动机由停机状态转入工作状态，必须借助外力（人力或机械力）来驱动曲轴旋转。启动系统就是用来驱动曲轴旋转，使发动机启动运转的。启动系统由点火开关、启动机、启动开关和启动继电器等组成。

一、起动机的功用与组成

起动机的功用是将蓄电池的电能转化为机械转矩，并传至发动机的飞轮，带动发动机的曲轴转动。起动机由串励直流电动机、传动机构和操纵机构三部分组成，如图 6-5 所示。

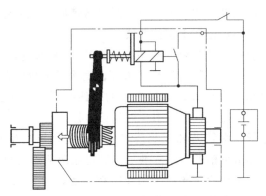

图 6-5 起动机结构示意图

1. 电动机

电动机的功用是产生转矩，它由磁场、电枢和电刷组件等组成。电动机励磁方式为串励式。起动机工作电流大、转矩大、工作时间短（不超过 5～10s），因此要求零件的机械强度高、电阻小，绕组大多采用矩形截面的导线绕制。

（1）磁场　由磁场绕组、磁极（铁芯）和电动机的外壳组成。绕有励磁绕组的四个磁极，N、S极相间安装在外壳上。磁场绕组由扁而粗的铜质导线绕成，每个绕组匝数较少。四个绕组中每两个串联一组然后两组并联，其一端接在外壳绝缘接线柱上，另一端和电刷相连。

（2）电枢　由电枢绕组、铁芯、电枢轴和换向器组成。铁芯由硅钢片叠压而成，并固定在轴上。铁芯的槽内嵌有电枢绕组，硅钢片间用绝缘漆进行绝缘。绕组采用粗大矩形截面的裸铜线绕制而成。为防止裸铜线短路，导体与铁芯、导体与导体之间，均用绝缘性能较好的绝缘纸隔开。为防止导体在离心力作用下甩出，在槽口用绝缘体将导体塞紧或将两侧的铁芯用轧压方式挤紧。

电枢绕组的各端头均焊于换向器上，通过换向器和电刷的接触，将蓄电池的电流导入电枢绕组。换向器由铜片和云母片叠压成圆柱状。

（3）电刷　安装在电刷架内，电刷由弹簧压在换向器上。为减少电刷上的电流密度，一般电刷数与磁极数相等，即四个电刷，正、负相间排列。电刷材料由 $80\%\sim90\%$ 的铜和 $10\%\sim20\%$ 的石墨压制而成。电刷架固定在电动机的电刷端盖上。

2. 传动机构

传动机构的作用是启动时使驱动齿轮与飞轮齿圈啮合，将起动机转矩传给发动机曲轴；启动后使起动机和飞轮齿圈自行脱开，防止发动机带动起动机超速旋转。

（1）单向离合器的构造　滚柱式单向离合器主要由驱动齿轮、内滚道、外滚道、滚柱、弹簧、花键套、拨叉滑套及缓冲弹簧组成。内、外滚道形成楔形室，其中装有滚柱及弹簧，为减少内、外滚道之间的摩擦，在楔形室内加注润滑脂，通过护套进行密封，如图6-6所示。

（2）单向离合器的工作原理

① 接合状态。在起动机带动发动机曲轴运转时，电枢轴是主动的，飞轮是被动的，电枢轴经传动导管首先带动单向滚轮外座圈

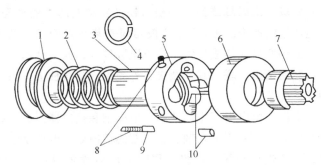

图 6-6 滚柱式单向离合器的构造

1—滑套；2—缓冲弹簧；3—传动导管；4—卡簧；5—单向滚轮外座圈；
6—护套；7—驱动齿轮；8—压帽弹簧；9—压帽；10—滚柱

（外滚道）顺时针旋转（从发动机的后端向前看），而与飞轮啮合的驱动齿轮处于静止状态。在摩擦力和弹簧的推动下，滚柱处在楔形室较窄的一侧，使外座圈和驱动齿轮尾部之间被卡紧而接合成一体，于是驱动齿轮便随之一起转动并带动飞轮旋转，使发动机开始工作，如图 6-7（a）所示。

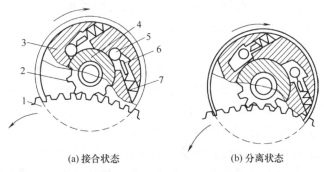

(a) 接合状态　　　　　　　　　　　(b) 分离状态

图 6-7 单向离合器的工作原理

1—飞轮；2—驱动齿轮；3—外座圈；4—内座圈；5—滚柱；6—压帽；7—弹簧

② 分离状态。发动机启动后，飞轮带动驱动齿轮转动，因为飞轮将带动驱动齿轮高速转动，且比电枢的转速高得多，所以可以认为飞轮是主动的，电枢轴是被动的，即驱动齿轮是主动的，外座

圈是被动的。在这种情况下，驱动齿轮尾部将带动滚柱克服弹簧力，使滚柱向楔形室较宽的一侧滚动，于是滚柱在驱动齿轮尾部与外座圈间发生滑动摩擦，仅有驱动齿轮随飞轮旋转，发动机的动力并不能传给电枢轴，起到自动分离的作用。此时电枢轴只按自己的速度空转，避免了超速的危险，如图 6-7（b）所示。

3. 操纵装置

操纵装置由电磁铁机构、电动机开关和拨叉机构等组成。

（1）电磁铁机构

① 作用。用电磁力来操纵单向离合器，驱动齿轮与发动机飞轮的啮合及分离，并控制电动机开关的接通与切断。

② 构造。在铜套外绕有两个线圈，其中导线较粗、匝数较少的称为吸引线圈，导线较细、匝数较多的称为保持线圈。吸引线圈的两端分别接在电磁开关接线柱和电动机开关上。保持线圈的一端接在电磁开关接线柱上，另一端搭铁，如图 6-8 所示。

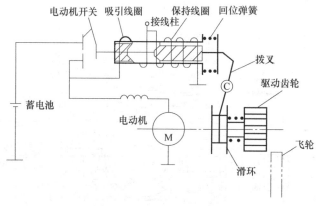

图 6-8　起动机的操纵装置

（2）电动机开关　位于电磁铁机构的前方，其外壳与电磁铁机构的外壳连在一起。电动机开关的两个接线柱分别与蓄电池和电动机的磁场绕组相连，接线柱内端为电动机开关的固定触点。电磁铁机构通电时，在动铁推动下，触盘将电动机开关接通，电动机通电运转。起动机不工作时，在回位弹簧的作用下，触盘与触点保持分开状态。

(3) **拨叉机构** 在铜套内装有固定铁芯和活动引铁,动铁尾部旋装连接杆并与拨叉上端连接,以便线圈通电时,动铁带动拨叉绕其轴摆动,将单向离合器推出,使其与飞轮齿圈啮合。

二、启动继电器的作用

启动继电器的作用是控制起动机的工作,有的车型上将充电指示灯继电器与启动继电器布置成一体,称为组合继电器,同时可起到启动保护作用。

三、启动系统的工作情况

启动继电器线圈无电,触点保持断开,离合器驱动齿轮与飞轮处于分离状态,如图 6-9 所示。

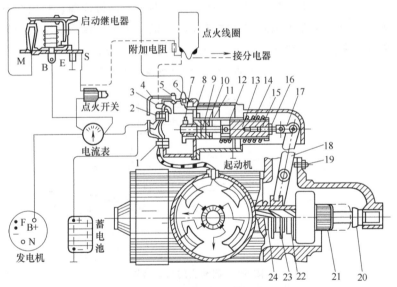

图 6-9 起动机的工作过程

1,2—电动机开关接线柱;3—点火线圈短路开关接线柱;4—导电片;
5—吸引线圈尾端接线柱;6—吸引、保持线圈共用接线柱;7—触盘;8—挡板;
9—推杆;10—固定铁芯;11—吸引线圈;12—保持线圈;13—动铁;
14—回位弹簧;15—螺杆;16—锁紧螺母;17—连接片;18—拨叉;19—调整螺钉;
20—限位环;21—驱动齿轮;22—啮合弹簧;23—滑套;24—缓冲弹簧

1. 启动开关接通

（1）启动继电器线圈通电且触点闭合。电流所经路线为：蓄电池"＋"→电动机开关接线柱 2→电流表→点火开关→启动继电器 S 接线柱→启动继电器线圈→启动继电器 E 接线柱→蓄电池"－"。

（2）电磁铁机构吸引线圈和保持线圈通电。电流所经路线为：蓄电池"＋"→电动机开关接线柱 2→启动继电器 B 接线柱→启动继电器触点→启动继电器 M 接线柱→接线柱 6→吸引线圈尾端接线柱 5→导电片 4→电动机开关接线柱 1→电动机磁场绕组→电动机绝缘电刷→电枢绕组→电动机搭铁电刷→蓄电池"－"。

保持线圈的电路：蓄电池"＋"→电动机开关接线柱 2→启动继电器 B 接线柱→启动继电器触点→启动继电器 M 接线柱→接线柱 6→保持线圈→蓄电池"－"。

（3）驱动齿轮与发动机飞轮啮合。吸引线圈和保持线圈通电后，由于两者电流方向相同，磁场相加，固定铁芯 10 和动铁 13 磁化，互相吸引，使动铁左移，并通过螺杆 15、连接片 17 带动拨叉 18 上端左移，下端右移，推动单向离合器，使驱动齿轮与发动机飞轮啮合。

若驱动齿轮与飞轮相抵，则拨叉下端可推动滑套 23 的右半部（压缩锥形啮合弹簧 22）继续右移，使电动机开关接通。电动机轴稍转动至驱动齿轮与飞轮齿槽相对时，顺利啮合。

驱动齿轮沿电枢轴螺旋花键向左移动时，限位环 20 起缓冲限位作用，防止损坏电动机端盖。电动机开关接通如下：

① 电动机带动发动机曲轴转动。当驱动齿轮与发动机飞轮接近完全啮合时，动铁向左移动一定位置，通过推杆 9 使触盘 7 与触点接触，电动机开关接通。驱动齿轮与飞轮完全啮合时，动铁移至极限位置，保持电动机开关的可靠接通，以便通过大电流。

② 蓄电池直接向起动机磁场绕组和电枢绕组供电。蓄电池"＋"→电动机开关→磁场绕组→电动机绝缘电刷→电枢绕组→电动机搭铁电刷→蓄电池"－"。电动机产生强大的转矩带动发动机转动。

③ 吸引线圈短路，只靠保持线圈的磁力将动铁保持在吸合后的位置。同时，活动触盘也与点火线圈热变电阻短路接线柱内的黄铜片接触，使点火线圈热变电阻短路，从而保证可靠的点火。

2. 启动开关断开

起动机启动后，应及时放松启动开关，切断启动继电器电路。启动继电器线圈首先断电使触点断开，停止工作。

（1）继电器触点张开后，电动机开关断开前保持线圈和吸引线圈均有电流通过，其电路是：蓄电池"＋"→电动机开关→导电片4→吸引线圈11→保持线圈12搭铁→蓄电池"－"。这时虽两线圈均有电流通过，但因电流方向相反，产生的磁力相互削弱，于是动铁在回位弹簧的作用下后移。动铁后移时，带动触盘也后移，使触盘与触点分离，电动机电路切断并停止工作。

（2）动铁后移时推动拨叉上端后移，其下端带动滑套左移，使离合器传动导管沿电枢轴上的螺旋花键向左移动，迫使驱动齿轮与飞轮脱离啮合。

3. 发动机未能启动而将启动开关断开

因蓄电池电力不足或因严寒低温等原因，有时会发生起动机不能带动发动机曲轴转动的现象。虽将启动开关放松，但电动机已通过电流产生转矩，在驱动齿轮与飞轮之间形成很大压力，阻碍齿轮脱出的摩擦力超过回位弹簧的张力。这样驱动齿轮就不能脱出，电动机开关也不能断开。电动机会因继续通过强大电流而烧毁。为避免这种情况的发生，采用可分开式滑套，并在滑套的左侧装一较细的缓冲弹簧（图6-9中24）以供压缩。当驱动齿轮不能脱出时，在回位弹簧的作用下，拨叉下端可以带动滑套左侧的一半继续前移，首先切断电动机电路，使电动机不能产生转矩，齿面间的压力和摩擦力随之消失，而齿轮即可分离。

4. 启动后未及时放松启动开关或启动后误将启动开关接通

启动后未及时放松开关，则起动机继续工作，造成单向离合器长时间滑动摩擦而加速磨损；若启动后又误将开关接通，则起动机工作，会使驱动齿轮和高速旋转的飞轮齿相碰，打坏齿轮。

而这两种错误操作方法，在实际中又很难避免。为解决该问题，在启动电路中设置了误操作保护电路。将充电指示灯继电器与启动继电器设置在一起，称为组合继电器。启动继电器的线圈，经充电指示灯继电器的常闭触点搭铁。这样，当发动机启动后或正常运转时，发电机中性点输出直流电压，作用于充电指示灯继电器线圈，使其触点断开，自动切断启动继电器线圈的电路，起到误操作保护作用。

第三节 电 路 分 析

常见的电路图有布线图、电路原理图（图6-10）和线束图（图6-11）三种。布线图是内燃叉车电路图中应用较广泛的一种，它较充分地反映了叉车电气和电子设备的相对位置，从中可以看出导线的走向、分支、接点（插接件连接）等情况。电路原理图可简明清晰地反映电气系统各部件的连接关系和电路原理，便于分析电路故障。线束图用于制作线束和连接电气设备。电路图可作为分析电路原理，检查、诊断电路故障的根据。

一、叉车电路图的特点

尽管各车型电气设备的组成和复杂程度不同，安装位置不一，接线也有差异，但它们都有以下共同特点。

（1）内燃叉车上多数设备采用单线制，分析电路原理时，从电气设备沿电路查至电路开关、保护器件和电源正极。为构成回路，电气设备必须搭铁，查找故障时不要忽略电器本身搭铁不良造成的故障。

（2）各用电设备电路均是并联的，并受有关开关的控制，其控制方式分为控制电源线和搭铁线。

（3）内燃叉车上的两个电源，即发电机和蓄电池是并联的，其间设有电流表或电路保护器（如易熔线）。

（4）电压表必须并联在电源两端，电压表参加工作的时机应受点火开关或电源总开关的控制。

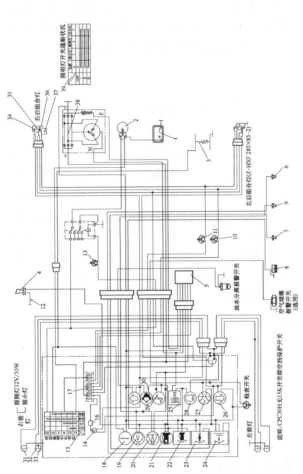

图 6-10 CPC（D）20/25/30H-J 电路原理图

1—蓄电池；2—起动机（QD1315A）；3—电预热装置；4—电压调节器；5—电喇叭；6—冷却液温度传感器；7—油温传感器；
8—油量传感器；9—油压过低开关；10—制动灯开关 JK611；11—倒车灯开关 JK231；12—喇叭开关 JK231；13—空挡启动开关；
14—转向灯开关；15—启动开关 JK412；16—闪烁器；17—熔丝盒；18—预热继电器；19—油压报警器；20—警告灯；
21—油量指示灯；22—油量表；23—油温表；24—冷却液温度表；25—计时表；26—左转向指示灯；27—空滤指示灯；
28—前照灯指示灯；29—充电指示灯；30—油水分离指示灯；31—前照灯（组合灯）；32—右转向灯；33—前小灯；
34—后小灯（组合灯）；35—前照灯（组合灯）；36—倒车灯（组合灯）；37—倒车蜂鸣器；38—发电机（FJ11A）；39—照明灯开关

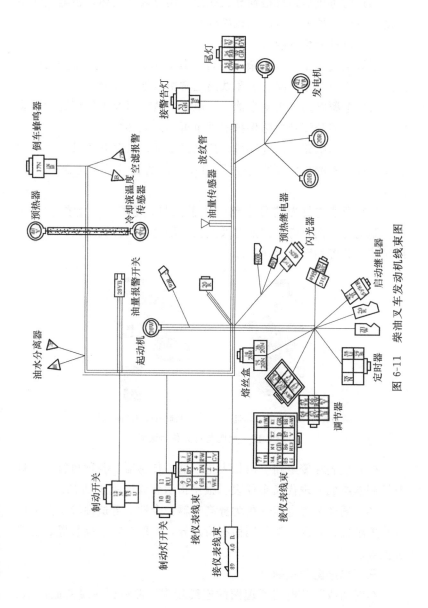

图 6-11　柴油叉车发动机线束图

（5）为防止短路或搭铁导致线路或用电设备损坏，各电气线路中设有电路保护装置（起动机除外）。

二、电气线路的组成

不管电气线路有多复杂，均可将其分解为局部电路进行分析，然后再推广至全车线路。全车线路通常由以下几部分组成。

（1）电源电路　由蓄电池、发电机、调节器及工作情况指示装置组成，电能分配及电路保护器件也可归入此部分。

（2）启动电路　由起动机、启动继电器、启动开关及启动保护装置组成，有的也将低温条件下启动预热装置及控制电路列入此部分。

（3）照明与灯光信号电路　由前照灯、雾灯、示廓灯、转向灯、制动灯、倒车灯、内照灯及其控制继电器和开关组成。照明与灯光信号装置如图 6-12 所示。

(a) 后转向、制动组合指示灯　　　(b) 前照灯、转向指示灯

图 6-12　照明与灯光信号装置

（4）仪表报警电路　由仪表指示器、传感器、各种报警指示灯及控制器组成。现代叉车仪表、报警指示装置如图 6-13 所示。

（5）辅助装置电路　由为提高车辆安全性、舒适性等功能的电气装置组成，并因车型不同而有所差异，一般包括空调装置、音响装置等。

三、电路图的识别

布线图或部分电路原理图的连线端头，常标有导线的截面积、

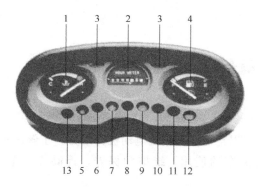

图 6-13　分离式组合仪表

1—冷却液温度表；2—计时表；3—转向指示灯；4—燃油表；5—燃油余量报警灯；
6—机油压力报警灯；7—变速器油温报警灯；8—蓄电池电量报警灯；9—空气滤清器报警灯；
10—前照灯指示灯；11—工作灯指示灯；12—预热指示灯；13—备用孔

颜色代号。例如，1.5RW（或 1.5R/W）表示导线截面积为 1.5mm^2、红底带白色条纹的导线。结合电路原理图，可以很方便地在两相连器件上找到这条导线，这对检查排除电路故障很有帮助。

在电路原理图中，同时给出了各电路系统的注释，如启动系统等，可以从原理图中很快找到该部分电路。首先弄清各部分电路，然后从电源部分开始，顺着电源线往下找到继电器、开关，再研究各用电设备和整体线路，最终可弄清楚电气线路的原理和特点，为排除电路故障提供依据。

第七章　电动叉车动力装置

　　电动叉车以蓄电池和直流电动机为动力，了解电动叉车的动力源，对电动叉车的使用、维护和保养，提高作业效率具有重要意义。

　　电动叉车的特点：不烧油——只需充电，不需要加柴油、汽油或天然气；只喝水——只需定期给蓄电池补充蒸馏水；零排放——工作时不排出任何污染环境的气体；噪声小——电动机的噪声比内燃机小。

第一节　电动叉车蓄电池

　　目前，在电动叉车上使用的电源基本上都是动力型蓄电池。动力型蓄电池也称牵引型蓄电池，是一种能量存储和转换装置，能将电能与化学能相互转换。其工作原理与启动型蓄电池基本相同。

一、结构特点

　　动力型蓄电池由（正、负）极柱、（正、负）极板、隔板、防护板、加液口、蓄电池盖、蓄电池壳等组成。正极板一般采用管式极板，负极板是涂膏式极板。管式正极板是一排竖直的铅锑合金芯子，外套玻璃纤维编织成的管子，管芯在铅锑合金制成的栅架格上，由填充的活性物质构成。动力型蓄电池的特点是容量大、可连续长时间放电，每节蓄电池的电压为 2V。1～2t 电动叉车的电压一般为 48V，由 24 节蓄电池串联而成。3t 以上电动叉车的电压为 80V，由 40 节蓄电池串联而成，受玻璃纤维的保护，管内的活性物质不易脱落，因此管式极板寿命相对较长（图 7-1）。

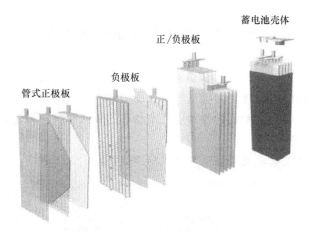

图 7-1　叉车动力型蓄电池结构

　　将单体的动力型蓄电池通过螺栓连接或焊接，可以组合成不同容量的蓄电池组，电动叉车都是以蓄电池组的形式供电的。

二、性能

　　动力型蓄电池自出厂之日起，在温度为 5～40℃、相对湿度不大于 80％的环境中，保存期为两年。若超过两年，则容量和使用寿命都会相应降低。

　　动力型蓄电池在放电过程中，电解液温度不同时，表现出的电气性能也不同。

　　例如，DG370 动力型蓄电池在初充电时，第一阶段充电电流为40A，充电时间为 25～30h；第二阶段充电电流为 20A，充电时间为30～40h。平时补充充电时，第一阶段充电电流为 40～60A，充电时间为 7～11h；第二阶段充电电流为 30A，充电时间为 3～5h。

三、动力型蓄电池的型号及含义

　　动力型蓄电池的型号是以汉语拼音字母和阿拉伯数字来表示的。电动叉车用动力型蓄电池分为 DG 型（管式正极板）和 DT 型（涂膏式正极板）两种。

　　例如，DG250 表示电动叉车用，管式正极板，容量为 250A·h的动力型蓄电池。

第二节　电动叉车驱动电动机

目前，电动叉车的驱动装置，大多采用串励式直流电动机，它将蓄电池的电能转化为机械转矩，驱动叉车的行走轮或油泵电动机转动。在行走电动机的控制中，电动机的方向变换和调速控制由调速控制器完成。

电动叉车驱动用直流电动机的组成如图 7-2 所示。

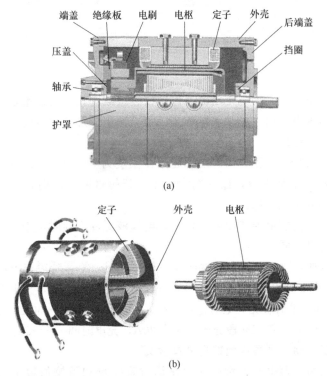

(a)

(b)

图 7-2　直流电动机的组成

磁场铁芯（磁极）、磁场绕组、电动机外壳的作用是形成磁场。磁场铁芯通常制成马鞍状，将磁场绕组通电后产生的磁场展成所需的形状。直流电动机有两极（一对磁极）、四极（两对磁极）和六

极（三对磁极）等。磁场绕组绕制在磁场铁芯上，通电后形成 N
极或 S 极。

电枢由电枢绕组（线圈）、电枢铁芯、换向器和电枢轴等组成，
它的作用是通电后在磁场中受力，产生电磁转矩。电枢的铁芯由圆
形硅钢片叠成圆柱体，构成电动机的闭合磁路，并减小涡流损失。
其圆柱表面开有纵向槽，用于放置电枢绕组。通电后，位于磁场中
的电枢绕组产生电磁力，作用在电枢上形成转矩，换向器的换向片
与电枢绕组的首、尾端连接，与电刷配合，将电流送入或引出电枢
绕组。电枢轴用于输出电磁转矩。

电刷与电枢的换向器配合，实现电枢绕组的电流换向，将蓄电
池的直流电变换成电枢内部的交变电流。

驱动电动机线路如图 7-3 所示。

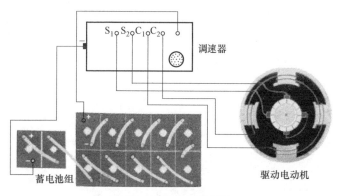

图 7-3　驱动电动机线路

串励直流电动机的机械特性（电动机输出转矩 T 和转速 n 的
关系）如图 7-4 所示。

直流电动机具有启动驱动力大，调速控制简单的优点。串励式
直流电动机具有软机械特性，即轻载高速、重载低速。同时，具有
较大的启动能力和过载能力，适用于车辆驱动的要求。但直流电动
机因电枢电流由电刷和换向器引入，换向时有电火花，易造成换向
器的烧蚀，电刷与换向器的相对运动使电刷易磨损，同时有噪声

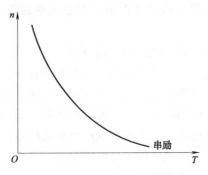

图 7-4　串励直流电动机的机械特性

大、无线电干扰及寿命短等致命弱点。电刷与换向器是直流电动机工作可靠性的薄弱环节，同时也限制了电动机工作转速。

第三篇　叉车驾驶作业

第八章　内燃叉车基础驾驶

第一节　内燃叉车操作装置运用

新训叉车驾驶员，在完成对叉车的基本构造、原理、操作方法、安全操作规程等基础理论的学习后，便可以进行实际操作训练。叉车驾驶员在实际操作训练前，必须熟悉各操纵装置的分布位置、使用方法和注意事项。这样才能打牢驾驶操作的基础，练就过硬的基本功，逐步提高操作技术水平，确保在各种运行条件下，能正确而熟练地使用叉车，充分发挥叉车的效能，安全、优质、低耗地完成任务。叉车的操纵装置包括转向盘、离合器踏板、加速踏板、变速与换向操纵杆、起升与倾斜操纵杆、制动踏板与驻车制动操纵杆六大部件，如图 8-1 所示。

图 8-1　机械传动叉车操作装置

一、转向盘的运用

转向盘是叉车转向机构的主要机件之一。正确运用转向盘，能确保叉车沿正确路线安全行驶，并减少转向机件和轮胎的非正常磨损。

转向盘的操作方法及其使用注意事项如下。

（1）在平直道路上及站台、仓库内行驶时，可采用单手操纵转向手柄或双手操纵转向盘的方式。双手操纵转向盘动作应平衡，以左手为主，右手为辅，根据行进前方的车辆、人员和通道等情况，进行必要的修正，尽量不要左右晃动。

（2）转弯时应提前减速（在平整路面上走行转向时，速度不得超过5km/h），尽量避免急转弯。要向左转向时，把转向灯手柄向前推；要向右转向时，把转向灯手柄向后拉；转向完成后，应将转向灯手柄拨到中位。

（3）在高低不平的道路上，横过铁路道口行驶或进出车门时，应紧握转向盘，以免转向盘受叉车颠簸的作用力而猛烈振动或转向而击伤手指或手腕。

（4）单手转动转向盘不可用力过猛，叉车运行停止后，不得原地转动转向盘，以免损伤转向机件。

（5）右手操纵起升手柄、倾斜手柄时，左手可通过快转手柄单手操纵转向盘。

二、离合器的运用

离合器的使用非常频繁。叉车驾驶员可以根据装卸作业的需要，踩下或松开离合器踏板，使发动机与变速器暂时分离或平稳接合，切断或传递动力，满足叉车不同工况的要求。

1. 操作方法

使用离合器时，左脚踩在离合器踏板上，以膝和脚关节的伸屈动作踩下或放松。踩下即分离，动作要迅速、利索，并一次踩到底，使其分离彻底；松抬即接合，放松时一般在离合器尚未接合前的自由行程内可稍快。离合器开始接合时应稍停，逐渐慢慢松抬，不能松抬过猛，待完全接合后迅速将脚移开，放在踏板的左下方。

2. 注意事项

（1）叉车行驶中，无论是高速挡换低速挡，还是低速挡换高速挡，禁止不踩离合器踏板换挡。

（2）叉车行驶不使用离合器时，不得将脚放在离合器踏板上，以免离合器发生半联动现象，影响动力传递，加剧离合器片、分离轴承等机件的磨损。

（3）一般若不是十分必要，不得采取不踩离合器而制动停车的操作方法。

（4）经常检查并保持分离杠杆与分离轴承的间隙，并对离合器分离轴承、座、套等按时检查加油。

三、变速器的挡位及操作

一般中、小型内燃叉车变速器挡位分为五个挡，即空挡、前进一挡、前进二挡、后退一挡和后退二挡。

叉车在行驶和作业中，换挡比较频繁，及时、准确且迅速地换挡，有利于提高作业效率、延长叉车使用寿命、节省燃料。

操纵变速杆换挡时，右手要握住变速杆，换挡结束后立即松开，动作要干净利落，不得强推硬拽。方向逆变时，必须待叉车停稳后才能换挡，以免损坏机件；要根据车速变化情况及时变换挡位，不可长时间以启动用的低速挡作业。换向操纵如图 8-2 所示。

图 8-2　换向操纵

四、制动器的运用

运行中，叉车的减速或停车，是靠驾驶员操作行车制动器和驻车制动器实现的。正确合理地运用制动器，是保证作业安全的重要条件，同时对减小轮胎的磨损，延长制动机件的使用寿命有直接影响。使用制动器应注意以下问题。

（1）不得穿拖鞋开车。

（2）叉车在雨、雪、冰冻等路面或站台上行驶，不得进行紧急制动，以免侧滑或掉下站台。

（3）一般情况下，不得不用离合器进行制动停车。

（4）不得以倒车代替制动（紧急情况下除外）。

（5）驻车制动前，必须先用行车制动器使车停住。使用驻车制动器时，不可用力过猛，以防推杆体、护杆套脱落，卡住制动蹄片。运行时严禁用驻车制动器，只有在行车制动器失灵，又遇紧急情况需要停车时，才可用驻车制动器紧急停车。停车时，必须拉紧驻车制动操纵杆，制动器的使用如图 8-3 所示。

(a) 行车制动

(b) 驻车制动

图 8-3　制动器的使用

五、加速踏板的操作

操纵加速踏板要以右脚跟为支点，前脚掌轻踩加速踏板，用脚踝关节的伸屈动作踩下或放松。操纵时要平稳用力，不得猛踩、快踩或连续抖动。

六、工作装置的操作

工作装置是叉车进行装卸作业的工作部分，它承受全部货物重量并完成货物的叉取、起升、降落及堆码垛等装卸工序。其主要操作部件有升降手柄、倾斜手柄和属具手柄等。

1. 操作方法

（1）叉取货物起升时，右手向后拉动起升操作手柄，同时右脚平稳地踏下加速踏板，货叉带动货物上升，升至要求高度时，右脚松开加速踏板，同时右手将起升操作手柄恢复到中间位置，如图8-4（a）所示。

（2）货物下降时，右手向前推动起升操作手柄（不用踩下加速踏板，靠其重力下降），货物在货叉带动下降落。

（3）货叉前、后倾时，也是在踩下加速踏板的同时，右手向前推动或向后拉动倾斜操作手柄，实现前、后倾工况的要求，如图 8-4（b）所示。

2. 注意事项

（1）叉取货物起升或降落时，要确保货物平稳地放置在货叉上，避免货物滑落。动作要平稳，不能忽快忽慢，特别是叉取较重的货物降落时，要平稳缓慢下降，一次降到底，不能时降时停，以免损坏机件。

（2）禁止升、降或前、后倾到达顶点时，仍然继续向同方向扳动操作手柄。

（3）属具手柄操作动作要柔和，避免突然前推或后拉。要注意属具手柄的移动量，保证货物与属具可靠接触而不损坏。

（4）侧移操作时，要始终参考载荷曲线进行操作，严禁货叉处于地面时进行侧移操作，货物起升后的侧移操作务必小心，防止突然移动使叉车失稳。

(a) 起升操作　　　　　　　(b) 倾斜操作

图 8-4　叉车工作装置的操作

第二节　启动与熄火

一、启动

二维码（视频）

启动前，应检查液压油油位是否处于油位计刻度的中间位置；检查冷却液、机油和燃油、蓄电池电解液液面高度，以及灯光、仪表、轮胎气压、开关及电气线路等是否处于正常状态；检查管子、接头、泵、阀有无泄漏与损坏；检查行车制动和驻车制动是否可靠。驾驶员按照启动前应检查的程序、内容、要求，进行认真检查后方可启动。

1. 操作方法

（1）拉紧驻车制动操纵杆，将变速杆置于空挡"N"位置。

图 8-5　启动操作

（2）打开点火开关，顺时针旋转钥匙到"ON"位置，接通点火线路。

（3）左脚踩下离合器踏板，右脚稍踩下加速踏板，转动点火开关至"START"位置即可启动；然后立即松开点火开关，使其回到"ON"位置。启动操作如图 8-5 所示。

（4）发动机启动后，待其怠速（600～750r/min）运转稳定后，松开离合器踏板，保持低速运转，使发动机温度逐渐升高。密切注意仪表的指示是否正常。切勿猛踩加速踏板，以免造成机油压力过高，发动机磨损加剧。

2. 注意事项

（1）发动机在低温条件下，应进行预热，一般可采用加注热水的方法或将启动开关转到"预热"位置停留 45～60s，使各润滑表面得到较充分的润滑，严禁使用明火预热。

严寒情况下冷机启动时，先用手转动风扇，防止水泵轴冻结，转动汽油泵摇臂，使化油器内充满汽油，预热发动机后再启动。

（2）起动机一次工作时间不得超过 5s，切不可长时间按下按钮不放，以免损坏起动机和蓄电池。连续启动不超过 2 次，每次的间隔应为 10～30s。若连续 3 次仍然无法启动，则应进行检查，待故障排除后再启动。

（3）禁止使用拖拉、顶撞、溜坡或猛抬离合器踏板的方法启动发动机，以免损伤机件或发生事故。

（4）发动机启动后应在怠速下（650～750r/min）进行暖机。观察发动机冷却液温度表，待温度值达到绿色区域时，方允许全负荷运转。检查各仪表是否良好，各照明设备、指示灯、喇叭和制动灯是否正常。运转中不得将点火开关转至"START"和"OFF"位置。

二、熄火

叉车作业结束需要停熄时，通常只需将点火开关关闭，部分柴油叉车需先将熄火拉扭拉出再关闭点火开关。在停熄发动机前，切勿猛踩加速踏板，这不仅会浪费燃料，还会增大发动机的磨损。在发动机温度过高时熄火，首先应使发动机怠速运转 1～2min，使机件均匀冷却，然后转动点火开关至"OFF"位，并取出钥匙，使发动机停熄，如图8-6所示。

液化气叉车停熄时，应先将阀关闭，然后待发动机停止运转后，关闭点火开关。

图8-6　熄火

第三节　起步与停车

二维码（视频）

一、起步

叉车起步是驾驶训练最常用、最基础的科目，主要包括平路起步和坡道起步。叉车完成启动操作后，发动机运转正常，空转 5min，待冷却液温度升至 50℃以上，机油温度升至 40℃以上，方可带负荷工作；无漏油、漏水现象，货叉升降平稳，门架倾斜到位，确认叉车四周无妨碍行车安全的障碍后，便可挂挡起步。

1. 平路起步

叉车在平路上起步时，先要系好安全带，调整好座椅位置，身体要保持正确的姿势，两眼注视前方道路和交通情况，不得低头。同时还要将货叉升到距地面15～30cm位置。操作要领如下。

（1）左脚迅速踩下离合器踏板，右手将变速杆挂入一挡，换向杆挂入前进挡或倒挡。一般要用低速挡起步，在无负载时可用二挡，在有负载时可用一挡。

（2）松开驻车制动操纵杆，打开转向灯，鸣笛。

（3）在慢慢抬起离合器踏板的同时，平稳地踩下加速踏板，使叉车慢慢起步。

起步时应保证迅速、平稳，无闯动、振抖、熄火现象，操作动作要准确。

平稳起步的关键在于离合器踏板和加速踏板的配合，配合要领：左脚快抬听声音，音变车抖稍一停，右脚平稳踩（加速）踏板，左脚慢抬车前进。

2. 坡道起步

（1）操作要领

① 在10°坡道上行驶至坡中停车，发动机不熄火，挂入空挡，靠制动及加速踏板保持动平衡，车不下滑。

② 起步时，要注意系好安全带，然后挂入前进一挡，踩下加速踏板，同时松抬离合器踏板至半联动位置，松开驻车制动操纵杆，接着逐渐加速，松开离合器踏板，起步上坡前进。

③ 起步时，若感到后溜或动力不足，应立即停车，重新起步。

（2）操作要求

① 坡道上起步时，起步平稳，发动机不得熄火。

② 叉车不能下滑，车轮不能空转。

③ 换挡时不能发出声响。

二、停车

1. 操作要领

（1）松开加速踏板，打开右转向灯，徐徐向停车地点停靠。

（2）踩下行车制动踏板，车速较慢时踩下离合器踏板，使叉车平稳停下。

（3）拉紧驻车制动操纵杆，将变速杆和方向操纵杆移到空挡，并将货叉降低着地。

（4）松开离合器踏板和制动踏板，关闭转向灯，发动机怠速运转 2～3min，关闭点火开关，将熄火拉钮拉出，待发动机停转后再按下拉钮，取下钥匙。

（5）解开安全带后，手扶转向盘或把手后退下车，不能跳下车。

2. 操作要求

（1）熟记口诀：减速靠右车身正，适当制动把车停；拉紧制动放空挡，踏板松开再关灯（熄火）。

（2）把握平稳停车的关键在于根据车速的快慢适当运用制动踏板，特别是要停住时，应适当放松一下踏板。方法包括：轻重轻、重轻重、间歇制动和一脚制动等。

（3）行进中的车辆，除紧急情况外，不得使用驻车制动器来使行驶的车辆减速或停车。

第四节　直线行驶与换挡

二维码（视频）

一、直线行驶

直线行驶主要包括起步、行驶，应注意离合器、制动器和加速踏板的使用及换挡操作等。

1. 操作要领

（1）直线行驶时，要看远顾近，注意两旁。

（2）操纵转向盘，应以左手为主、右手为辅，或左手握住转向手柄操作，平稳而不乱晃动。双手操纵转向盘用力要均衡、自然，要细心体会转向盘的游动间隙。

（3）如路面不平，车头偏斜时，应及时修正方向。修正方向要少打少回，以免"画龙"。

2. 注意事项

（1）驾驶时要身体坐直，左手握住快速转向手柄，右手放在转向盘下方，目视叉车行进的前方，精力集中。

（2）开始练习时，由于各种操作动作不熟练，绝对禁止开快车。

（3）行驶中，除有时一手必须操作其他装置（如门架的升、降与前、后倾等）外，不得用单手操纵转向盘。

（4）货叉底端距地面高度应保持 30cm 左右，门架应后倾。

二、换挡

1. 叉车挡位

叉车挡位一般分为方向挡和速度挡，即前进挡和后退挡、低速挡和高速挡。叉车行驶中，要根据情况及时换挡。在平坦的路面上，叉车起步后应及时换高速挡。

2. 换挡操作要领

低速挡换高速挡称为加挡，高速挡换低速挡称为减挡。

（1）加挡　先适当加速，车速上升后，踩下离合器踏板，将变速杆移入高速挡，最后在抬起离合器踏板的同时，缓缓加油。

（2）减挡　先放松加速踏板，使叉车减速，然后踩下离合器踏板，将变速杆挂入低速挡，最后在放松离合器踏板的同时踩下加速踏板。

叉车行驶中，驾驶员应准确掌握换挡时机。加挡过早或减挡过晚，都会因发动机动力不足造成传动系统抖动；加挡过晚或减挡过早，则会使低速挡使用时间过长，而使燃油经济性恶化，必须掌握换挡时机，做到及时、准确、平稳且迅速。变速操纵如图 8-7 所示。

图 8-7　变速操纵

3. 注意事项

（1）换挡时两眼应注视前方，保持正确的驾驶姿势，不得向下看变速杆。

（2）齿轮发响和不能换挡时，不允许硬推，应重新换挡。

（3）换挡时要掌握好转向盘。

第五节　转向与制动

一、转向

叉车在行驶中，常因道路情况或作业需要而改变行驶方向。叉车转向是靠偏转后轮完成的，因此其在窄道上直角转弯时，应特别注意外轮差，防止后轮出线或刮碰障碍物，如图8-8所示。

二维码（视频）

图 8-8　转向

1. 操作要领

叉车驶进弯道时，应沿道路的内侧行驶，在车头接近弯道时，逐渐把转向盘转到底，使内前轮与路边保持一定的安全距离。

驶离弯道后，应立即回转方向，并按直线行驶。

2. 注意事项

（1）要正确使用转向盘，弯缓应早转慢打，少打少回；弯急应迟转快打，多打多回。

（2）转弯时，车速要慢，转动转向盘不能过急，时刻注意车后的摆幅。如果附近有行人或车辆，应发出信号以免侧滑导致伤害事故。

（3）转弯时，应尽量避免使用制动，尤其是紧急制动。

二、制动

制动是降低车速和停车的手段，它是保障安全行车和作业的重要条件，也是衡量驾驶员驾驶操作技术水平的一项重要内容。

1. 制动的种类

一般按照需要制动的情况，可分为预见性制动和紧急制动两种。

预见性制动就是驾驶员在驾驶叉车行驶作业中，根据行进前方道路及工作情况，提前做好准备，有目的地采取减速或停车措施。

紧急制动就是驾驶员在行驶中突遇紧急情况，立即正确使用制动器，在最短的距离内将车停住，避免事故发生的措施。

2. 制动的操作要领

（1）确定停车目标，放松加速踏板。

（2）均匀地踩下制动踏板，车速减慢后，再踩下离合器踏板，平稳停靠在预定位置。

（3）拉紧驻车制动操纵杆，将变速杆和方向操纵杆移至空挡。

（4）关闭点火开关，拉出熄火拉钮，待发动机停转后再按下熄火拉钮。

3. 定位制动

在距叉车起点线 20m 处，放置一个定点物，叉车制动后，要求货叉能触到定点物，但不能将其撞倒。

（1）操作要求

① 叉车从起点线起步后，以高速挡行驶全程，换挡时不能发出响声。

② 制动后发动机不能熄火。

③ 叉尖轻轻接触定点物，但不能将其撞倒。

（2）操作要领

① 叉车从起点线起步后，立即加速，并换入高速挡。

② 根据目标情况，踩下制动踏板，降低车速。

③ 当接近目标，叉车将要停下时，踩下离合器踏板，并在叉

车前叉距目标 10cm 时，踩下制动踏板将车停住。

④ 将变速杆置于空挡，松开离合器和制动踏板。

4. 注意事项

（1）叉车在雨、雪、冰等路面或站台上行驶，不得紧急制动，以免发生侧滑或掉下站台。

（2）一般情况下，不得采取不用离合器而直接制动停车的方法，不得以倒车代替制动（紧急情况下除外）。

（3）驻车制动时，必须先用行车制动器使车停住，再用驻车制动器。一般情况下，使用驻车制动器时不可用力过猛，以防推杆体、护杆套脱落，卡住制动蹄片。运行时严禁用驻车制动器，但当行车制动器失灵，又遇紧急情况需要停车时，也可用驻车制动器紧急停车。停车时，必须实施驻车制动。

第六节　倒车与掉头

二维码（视频）

一、倒车

1. 动作要领

叉车后倒时，应先观察车后情况，并选好倒车目标。挂倒挡起步后，要控制好车速，注意周围情况，并随时修正方向。

倒车时，可以注视后窗倒车、注视侧方倒车或注视后视镜倒车，如图 8-9 所示。目标选择以叉车纵向中心线对准目标中心，叉车车身边线或车轮靠近目标边缘。

2. 操作要求

（1）倒车时，应先观察周围环境，必要时应下车观察。

（2）直线倒车时，应使后轮保持正直，修正时要少打少回。

（3）曲线倒车前应先看清车后情况，在具备倒车条件的情况下方可倒车。

（4）倒车转弯时，在照顾全车动向的前提下，还要特别注意后轮为转向轮的特点，考虑后轮是否会驶出路外或触及障碍物。在倒车过程中，内前轮应尽量靠近桩位或障碍物，以便及时修正方向避

图 8-9　倒车

让障碍物。

3. 注意事项

（1）应特别注意外轮差，防止车轮出线或刮碰障碍物。

（2）应注意转向、回转方向的时机和速度。

（3）曲线倒车时，尽量靠近外侧边线行驶，避免内侧刮碰或压线。

（4）叉车后倒时，应先观察车后情况，并选好倒车目标。

二、掉头

叉车在行驶或作业时，有时需要掉头改变行驶方向。掉头应选择较宽、较平的路面。

1. 操作要领

先降低车速，换入低速挡，使叉车驶近道路右侧，然后将转向盘迅速向左转到底，待前轮接近左侧路边时，踩下离合器踏板，并迅速向右回转方向，制动、停车。

挂倒挡起步后，向右转足方向，到适当位置，踩下离合器踏板，向左回转方向，制动停车。

在道路较窄时，重复以上动作。掉头完成后，挂前进挡行驶。

2. 操作要求

（1）在掉头过程中不得熄火，不得转死方向，车轮不得接触边线。

（2）车辆停稳后不得转动转向盘。

（3）必须在规定时间内完成掉头。

3. 注意事项

保证安全的前提下，尽量选择便于掉头的地点，如交叉路口、广场，及平坦、宽阔、土质坚硬的路段。避免在坡道、窄路或交通复杂地段掉头。禁止在桥梁、隧道、涵洞或铁路交叉道口等处掉头。

（1）掉头时采用低速挡，速度应平稳。

（2）注意叉车后轮转向的特点。

（3）禁止采用半联动方式行车，以减小离合器的磨损。

第九章　叉车式样驾驶

学会叉车的基本驾驶动作后，还要根据实际需要，进行更严格的训练。叉车式样驾驶是把前面所学的起步、换挡、转向、制动和停车等单项操作，在规定的场地内，按规定的标准和要求进行综合练习。式样驾驶通常包括：直弯通道行驶、绕"8"字形、侧方移位、倒进车库、越障碍和场地综合驾驶等。通过练习，可以培养、锻炼驾驶员的目测判断能力和驾驶技巧，提高叉车驾驶技术水平。

第一节　直弯通道行驶

作业时，叉车经常在狭窄的直弯通道中行驶，必须考虑场地的通道宽度和叉车的转弯半径，只有正确驾驶操作，才能保证安全顺利地作业。

二维码（视频）

一、场地设置

如图 9-1 所示，路宽＝外转向轮转弯半径－内前轮转弯半径＋安全距离，即 $B_转 = R - r + C_安$。路长可以任意设定。

二、操作要求

叉车起步后前进行驶，经过右转→左转→左转→右转后，到达停车位置。然后按原路后退行驶，经过右转→左转→左转→右转后，返回到起始位置。行驶过程中要保持匀速行驶，做到不刮、不碰、不熄火且不停车。

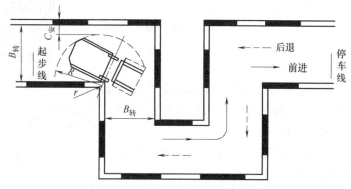

图 9-1　直弯通道场地设置示意图

三、操作要领

1. 前进

叉车进入作业区应尽量靠近内侧边线，内侧车轮与内侧边线应保持约 0.1m 的距离，并保持平行前进。距离直角 1～2m 处，减速慢行。待门架与折转点平齐时，迅速向左（右）转动转向盘至极限位置，使叉车内前轮绕直角转动，直到后轮将越过外侧边线时，再回转转向盘。把方向回正后，按新的行进方向行驶，完成此次前进操作。

2. 后退

叉车后轮沿外侧行驶，为前轮留下安全行驶距离。当叉车横向中心线与直角点对齐时，迅速向左（右）转动转向盘到极限位置，待前轮转过直角点时立即回转方向摆正车身，继续后退行驶。

四、注意事项

（1）应特别注意外轮差，防止后轮出线或刮碰障碍物。

（2）要控制好车速，注意转向幅度、回转方向的时机和速度。

（3）操作时用低速挡匀速通过。

（4）尽量靠近内侧边线行驶，转向要迅速，注意不要刮碰。

（5）转弯后应注意及时回正方向，避免刮碰内侧。

第二节　绕"8"字形

二维码（视频）

一、场地设置

绕"8"字形可以进一步练习叉车的转向，训练驾驶员对转向盘的使用和行驶方向的控制，如图 9-2 所示。

内燃叉车路宽＝车宽＋800mm；电动叉车路宽＝车宽＋600mm。

大圆直径＝2.5 倍车长。

小圆直径＝大圆直径－2 倍路宽。

对于大吨位的叉车，其路幅还可以适当放宽。

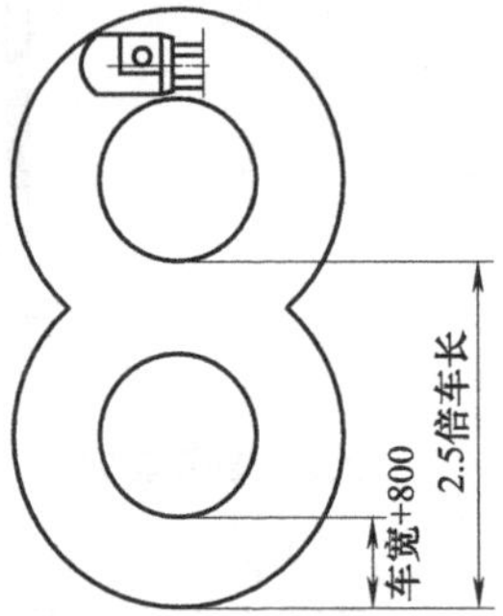

图 9-2　绕"8"字形
场地设置示意图

二、操作要求

（1）车速不宜过快，操作时用同一挡位行驶全程。待操作熟练后，再适当加速。

（2）叉车行进时，内、外侧不能刮碰或压线。

（3）中途不能熄火、停车。

三、操作要领

（1）叉车从"8"字形场地顶端前进驶入，控制加速踏板要平稳，并保持匀速行驶，防止叉车动力不足。

（2）叉车稍靠近内圈行驶，前内轮尽量靠近内圆线，随内圆变换方向，避免外侧刮碰或压线。

（3）通过交叉点中心线时，在叉车与待驶入的通道对正时，应及时回正方向，同时向相反方向转动转向盘改变目标，向另一侧转向继续行驶。转向要快而适当，修正要及时少量。

（4）叉车后倒时，后外轮应靠近外圈，随外圈变换方向，如同转大弯一样，随时修正方向。

后倒行驶时，要按大转弯的要领操作，后外轮应靠近外圈，随外圈变换方向。叉车行至交叉点中心线时，应及时向相反方向转动转向盘。

四、注意事项

（1）应特别注意外轮差，防止后轮出线或刮碰障碍物。

（2）注意转向幅度、回转方向的时机和速度。初学时，速度要慢，控制加速踏板要平稳。

（3）尽量靠近内侧边线行驶，避免外侧刮碰或压线。转动转向盘要平稳、适当。

（4）转弯后应注意及时回正方向，同时改变目标，并向另一侧转向继续行驶。修正方向要及时，角度要小，不要曲线行驶。

第三节　侧方移位

二维码（视频）

叉车在作业中，采用前进和后倒的方法，由一侧向另一侧移位，称侧方移位，主要应用于取货和码垛作业中，调整叉车的位置，而车身方向不变。

一、场地设置

如图 9-3 所示，通常设在平坦的路面上，车位长（1-4、2-5、3-6）为两车长；车位宽（甲、乙两库宽之和）＝两车宽＋80cm。

二、操作要求

（1）按规定的行驶路线完成操作，两进、两倒完成侧方移位，至另一侧后方时，要求车正、轮正。

（2）操作过程中车身任何部位不得碰、刮桩杆，不允许越线。

（3）每次进退过程中，不得中途停车，操作中不得熄火，不得使用"半联动"和"打死"方向。

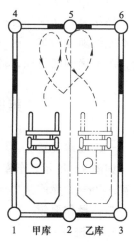

图 9-3　侧方移位场地设置示意图

三、操作要领

1. 叉车从左侧（甲库）移向右侧（乙库）

（1）第一次前进 起步后稍向右转向，使左侧沿标志线慢慢前进，当货叉前端距前标志线 0.5m 时，迅速向左转向，使车身朝向左方。在距标志线约 30cm 时，踩下离合器踏板，向右快速回转方向并停车，为下次后倒行驶做好准备。

（2）第一次倒车 起步后继续将转向盘向右转到底，并边倒车边向左回转方向。当车尾距后标志线 0.5m 时，迅速向右转向并停车。

（3）第二次前进 起步后向右继续转向，然后向左回正方向，使叉车前进至适当位置停车。

（4）第二次倒车 驾驶员应回头，注意修正方向，观察叉车后部与外标杆、中心标杆的距离，待车尾距后标志线 1m 时，驾驶员应回头向前看，使叉车正直停在右侧库中。

2. 叉车从右侧（乙库）移向左侧（甲库）

叉车从右侧（乙库）向左侧（甲库）移位的要领与叉车从左侧（甲库）向右侧（乙库）移位的要领基本相同。

四、注意事项

操作时，必须注意控制车速；在进退中不允许踩离合器踏板，也不允许随意停车，更不允许"打死"方向，以免损坏机件。倒车时，应准确判断目标，转头要迅速及时，兼顾四周。

第四节 倒进车库

二维码（视频）

一、场地设置

如图 9-4 所示，车库长＝车长＋40cm，车库宽＝车宽＋40cm，库前路宽＝1.25 倍车长。

二、操作要领

1. 前进

倒进车库前，叉车以低速挡起步，先靠近车库一侧的边线行驶，并留足与库之间的距离。当前轮接近库门右桩杆时，迅速向左转向，前进至货叉距边线约 1m 时，迅速并适时回转转向盘，同时立即停车。

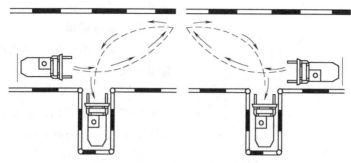

图 9-4　倒进车库场地设置示意图

2. 后倒

后倒前，看清后方，选好倒车目标，起步后继续转向，注意左侧，使其沿车库一侧慢慢后倒，并兼顾右侧。当车身接近车库中心线时，及时向左回正方向，并对方向进行修正，使叉车在车库中央行驶。当车尾与车库两后桩杆相距约 20cm 时，立即停车。

三、注意事项

要注意观察两旁，进退速度要慢，确保不刮不碰。如倒车困难，则应先观察清楚后再后倒。叉车应正直停在车库中间，货叉和车尾不超出库线。

第五节　越　障　碍

二维码（视频）

一、场地设置

如图 9-5 所示。

二、操作要求

（1）门架垂直，货叉在最大宽度位置。

（2）在规定的时间内，叉车由起点驶入障碍区。起步、进出障碍区要鸣笛。

（3）行驶中不刮碰障碍物（按图线要求每 490mm 摆放一标杆作

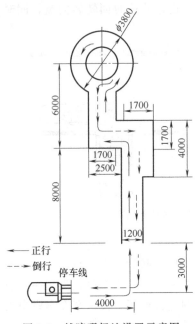

图 9-5　越障碍场地设置示意图

为障碍物）。行驶中不能熄火。

（4）绕环形通道一周后，再倒退返回原地，按规定停放叉车。

三、操作要领

（1）叉车前进时，用低速挡起步行驶。

① 叉车货叉前端与通道边线平行时，开始转向，使叉车处于通道中间，保持低速行驶。

② 接近转弯时，使叉车靠近左侧行驶。叉车门架与弯道横线平行时，迅速转向使叉车进入横向通道，同时使叉车靠近右侧，并转向使叉车进入纵向通道。

③ 叉车门架与环形通道接触时，开始转向，使叉车沿弯道左侧行驶，绕行一周后，前进行驶结束。

（2）叉车驶过环形通道后，倒退行驶。

① 驾驶员要按倒车要领，瞄准叉车尾部，使叉车沿外侧行驶，尾部与弯道横线接触时开始转向，使叉车转弯进入横向通道或纵向通道。

② 驶入窄道时，要使叉车保持在中间行驶。驶出窄道后，边转弯边使叉车正直停放在原位。

第六节　场地综合驾驶技能训练与考核

场地综合驾驶技能训练是在基础驾驶和式样驾驶的基础上进行的综合性驾驶技能练习。通过训练，进一步巩固、强化基本功，提高操作技能和目测判断能力，使驾驶员能熟练、精确、协调地操作各驾驶操纵装置，为在复杂条件下驾驶叉车打下良

二维码（视频）

好的技术基础。

一、场地设置

以 CPC15 型叉车为例，综合场地设置如图 9-6 所示。

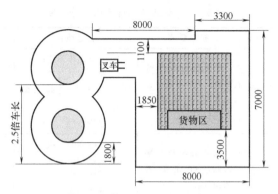

图 9-6　综合场地设置示意图

二、操作内容

综合场地训练内容共设有 14 个项目，如图 9-7 所示。重车操作及考核可在叉车作业内容完成后进行。

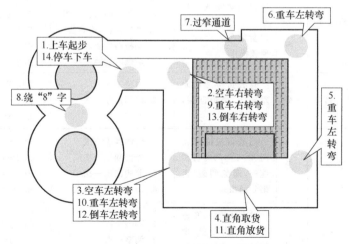

图 9-7　综合场地训练内容

三、考核标准

综合场地考核标准主要按 14 个考核点内容评定，并按百分制记分，见表 9-1。要求在 5min 内完成全部科目的操作。

表 9-1　叉车综合场地考核评分标准

考核内容	分数	操作要求	扣分项目	扣分标准
上车起步	4 分	手抓车架，右手扶靠椅上车，做完准备工作后，平稳起步，否则扣分	1. 上车动作不正确 2. 起步不升货叉 3. 起步不松驻车制动器 4. 起步不稳	扣 1 分 扣 1 分 扣 1 分 扣 1 分
空车右转弯	6 分	要求驾驶员观察两侧，不得刮碰，否则扣分	1. 压碰内侧一次 2. 后侧刮压一次 3. 前碰一次 4. 调整一次	扣 1~3 分 扣 1~3 分 扣 2 分 扣 2 分
空车左转弯	5 分	驾驶员应提前向内侧逐步转向，避免外侧刮压，否则扣分	1. 外侧刮压一次 2. 前碰一次 3. 调整一次	扣 1~3 分 扣 2 分 扣 2 分
直角取货	14 分	先调整车身，使其保持与货物或货位垂直，然后按叉车叉取货物的八个动作要领操作	1. 后侧刮压一次 2. 撞货一次 3. 货叉调整方法不当 4. 取货偏斜，不到位 5. 刮碰两侧货垛 6. 后倒时后撞一次	扣 2~3 分 扣 5 分 扣 2 分 扣 1~4 分 扣 1~3 分 扣 2~4 分
重车左转弯	6 分	驾驶员应逐渐向左转向，避免刮碰，否则扣分	1. 前碰一次 2. 内侧刮碰一次 3. 调整一次	扣 3 分 扣 1~3 分 扣 2 分
重车左转弯	7 分	驾驶员应注意转向、回方向的时机和速度，避免刮碰，否则分别扣分	1. 内侧刮压一次 2. 外侧刮压一次 3. 前侧刮压一次 4. 前内侧刮压一次	扣 1~3 分 扣 2~4 分 扣 2~4 分 扣 2~4 分
过窄通道	8 分	过窄通道时，车速要慢、方向要稳，少打早打，早回少回，避免刮碰，否则扣分	1. 刮碰一次 2. 调整一次 3. 刮碰三次以上	扣 1~3 分 扣 2 分 扣 8 分

续表

考核内容	分数	操作要求	扣分项目	扣分标准
绕"8"字	8分	叉车绕"8"字时,应稍靠近内侧行驶,避免刮碰,否则扣分	1. 外侧刮碰一次 2. 内侧刮碰一次 3. 调整一次	扣2～4分 扣1～3分 扣2分
重车右转弯	6分	驾驶员应注意转向、回正方向的时机和速度,避免刮碰,否则分别扣分	1. 压碰内侧一次 2. 刮碰后侧一次 3. 前碰一次 4. 调整一次	扣1～3分 扣1～3分 扣2～4分 扣2分
重车左转弯	5分	驾驶员应逐渐向左转向,避免刮碰,否则扣分	1. 后侧刮压一次 2. 前碰一次 3. 调整一次扣	1～3分 扣2～4分 扣2分
直角放货	13分	先调整车身,使其保持与货物或货位垂直,然后按叉车卸货的八个动作要领操作	1. 后轮刮压一次 2. 撞货一次 3. 货叉调整不当 4. 刮碰两侧货垛 5. 货物码放不齐	扣2～3分 扣5分 扣2分 扣2～4分 扣1～3分
倒车左转弯	6分	驾驶员应牢记倒车的要领,注意左前轮和右后轮不能压线刮碰	1. 压碰内侧一次 2. 后侧刮压一次 3. 调整一次	扣1～3分 扣1～3分 扣2分
倒车右转弯	6分	驾驶员应牢记倒车的要领,注意左后轮和右前轮不能压线刮碰	1. 压碰内侧一次 2. 后侧刮压一次 3. 调整一次	扣1～3分 扣1～3分 扣2分
停车下车	6分	驾驶员要做好必要的调整工作,再按正确姿势下车,否则要视情况分别扣分	1. 车位不正 2. 不摘挡 3. 不放货叉 4. 不拉驻车制动器 5. 下车动作不正确	扣2分 扣1分 扣1分 扣1分 扣1分
其他		除以上14个考核点的扣分处,发生右栏所列情况,还要在总分中扣除	1. 随意停车一次 2. 熄火一次 3. "打死"轮一次 4. 转向盘操作不当 5. 碰撞货垛后果严重 6. 超过5min	扣2分 扣1分 扣2分 扣5分 扣41分 扣41分
总分		100分		

第十章 叉车作业与应用

目前，铁路、港口、仓库、工厂和机场广泛应用叉车来完成物资的装卸与搬运。无论是内燃叉车还是电动叉车，都要经过叉取货物、卸下货物和途中行驶三个作业过程，并且经常会进行各种特殊情况下的行驶作业。因此，正确把握操作程序和工作环境特点，可以提高驾驶员对叉车的综合应用能力，确保作业质量。

第一节 叉车叉取货物

二维码（视频）

叉取货物起升时，右手向后拉动起升操作手柄，同时右脚平稳地踩下加速踏板，货叉带动货物上升，升至要求高度时，在右脚松开加速踏板的同时，右手将起升操作手柄恢复至中间位置。叉车叉取货物共有八个步骤，见表 10-1。

表 10-1　叉车叉取货物程序

操作顺序	操作步骤	操作方法	操作图示	操作要求
1	驶近货垛	叉车起步后，操纵叉车行驶至货垛前面，进入工作位置		（1）通过操作手柄，操纵门架动作或调整叉高，要求动作连续，一次到位，不允许反复多次调整，以提高作业效率
2	垂直门架	操纵门架倾斜操作手柄，使门架处于垂直（或货叉水平）位置		

续表

操作顺序	操作步骤	操作方法	操作图示	操作要求
3	调整叉高	操纵货叉起升操作手柄,调整货叉高度,使货叉与货物底部空隙同高		
4	进叉取货	操纵叉车缓慢向前,使货叉完全进入货物下部		(2)进叉取货过程中,可以通过离合器控制进叉速度(但不能停车),避免碰撞货垛。取货要到位,即货物一侧应贴上叉架(或货叉垂直段),同时,方向要正,不能偏斜,以防货物散落
5	微提货叉	操纵货叉起升操作手柄,使货物向上起升,离开货垛,一般为5~10cm		(3)进叉取货时,叉高要适当,禁止刮碰货物
6	后倾门架	操纵门架倾斜操作手柄,使门架后倾,防止叉车在行驶中发生货物散落		(4)叉货行驶时,门架一般应在后倾位置。在叉取某些特殊货物,门架后倾反而不利时,也应使门架处于垂直位置。任何情况下,禁止重载叉车在门架前倾状态下行驶
7	退出货位	操纵叉车倒车离开货位		
8	调整叉高	操纵货叉起升操作手柄,调整货叉的高度,使其距地面一定高度,电动叉车为10~20cm,内燃叉车为15~30cm,最后操纵叉车行驶到新的货垛		(5)如果重心偏移,则应适当调整

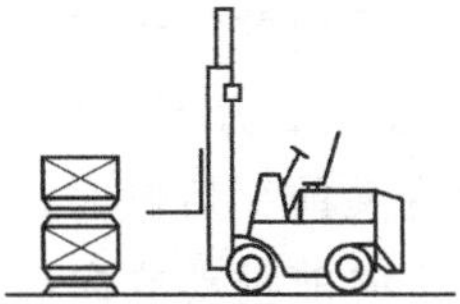

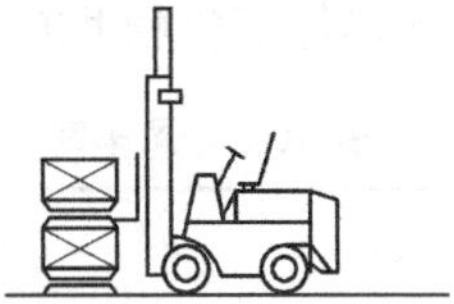

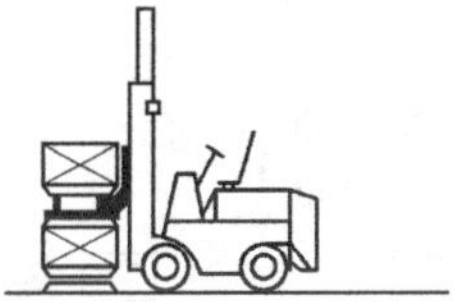

第二节 叉车卸下货物

二维码（视频）

货物下降时，右手向前推动起升操作手柄（不用踩下加速踏板，靠其重力下降），货物在货叉带动下降落。同样，货叉前、后倾时，也是在踩下加速踏板的同时，右手向前推动或向后拉动倾斜操作手柄，实现前、后倾工况的要求。叉车卸下货物共有八个步骤，见表10-2。

表10-2 叉车卸下货物程序

操作顺序	操作步骤	操作方法	操作图示	操作要求
1	驶近货位	叉车叉取货物后行驶到卸货位置，准备卸货		（1）通过操作手柄，操纵门架动作或调整叉高，动作要柔和，速度要慢，以防货物散落。同时动作要连续，一次到位，不允许反复多次调整，以提高作业效率
2	调整叉高	操纵货叉起升操作手柄，使货叉起升（或下降），而超过货垛（或货位）高度		（2）对准货位时速度要慢（可用半联动控制），但不能停车，禁止"打死"方向，左右位置不偏不斜。前后不能完全对齐，要留出适当距离，以防门架垂直时货叉前移而不能对正货堆
3	进车对位	操纵叉车继续向前，使货物位于货垛（或货位）的上方，并与之对正		
4	垂直门架	操纵门架倾斜操作手柄，使门架向前处于垂直位置	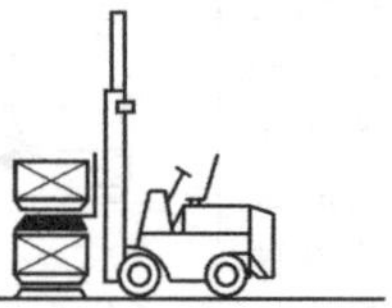	

续表

操作顺序	操作步骤	操作方法	操作图示	操作要求
5	落叉卸货	操纵货叉起升操作手柄,使货叉慢慢下降,将所叉货物放于货垛(或货位)上,并使货叉离开货物底部	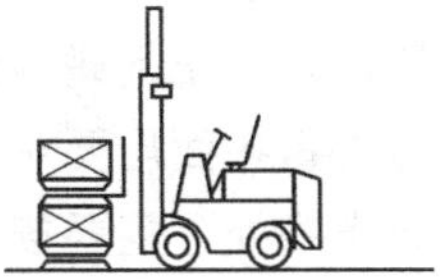	
6	退车抽叉	叉车起步后倒,慢慢离开货垛	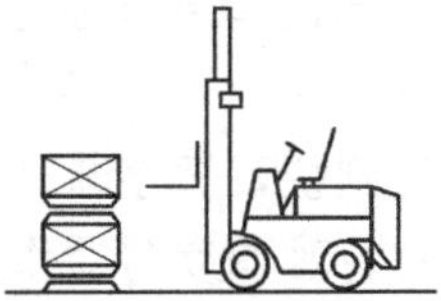	(3)垂直门架一定要在对准货位后进行,保证叉车在门架后倾状态移动
7	后倾门架	操纵门架向后倾斜		
8	调整叉高	操纵货叉起升或下降至正常高度,驶离货堆		

第三节　拆码垛作业

叉车拆码垛作业是叉取货物和卸下货物的综合性作业,有时还与短途运输相结合,同时还要求堆码整齐,要求的标准更高,难度更大,是叉车驾驶员综合操作技能的反映。

一、操作要求

(1)叉车的起步、换挡和加速等操作要符合有关规定。

(2)叉车拆码垛动作要按取货和放货程序进行。当动作熟练后，有些动作可以连续进行，不必停车。

（3）在近距离范围内连续作业时，放货后的最后两个动作即后倾门架和调整叉高，可视具体情况，决定是否省略。

（4）叉车在取货后，倒出货位或卸货前对准货位，货叉稍抬起，不能顶撞、拖拉，要防止刮碰两侧货垛。

（5）每次堆码的货物各面均要对齐，相差不能超过 50mm。码放完毕，叉车停在起止线处，且要按规定停放。

二、注意事项

（1）叉车作业，无论是装货还是卸货，都必须重复完成叉货、卸货两个基本动作。

（2）一定要由慢到快，循序渐进，养成良好的操作习惯。

（3）要特别注意行驶速度与动作的协调，操作动作与制动动作的配合。

（4）严禁超载，同时要控制起升和下降速度。

第四节　叉车在复杂环境条件下的应用

叉车通常在货场内、站台上、仓库里行驶和进行装卸作业，由于作业环境、条件的差异，例如寒冷的冬季、炎热的夏季、坡道以及高低不平的路面等，对叉车行驶、操作的要求等也有所不同。这就要求每名叉车驾驶员，不仅要了解所驾驶叉车的性能，还要能够在各种特殊条件下合理地使用叉车。

一、光线不足条件下的使用

1. 使用特点

（1）微光照射范围和能见度有限，加之叉车晃动，货物尺寸大小不一，重量不同，看清道路、场地和货物情况比较困难，甚至会造成错觉。

（2）光线不足时作业，驾驶员的观察能力和判断能力降低，作业视线不良，极易疲劳，容易出差错，损坏机件和货物，甚至发生事故。

2. 作业前的准备

（1）作业前，要注意适当休息，保持精力充沛。

（2）应尽可能了解作业场地和货物情况，做到心中有数。

（3）认真检查叉车状况，尤其是照明装置、安全装置和操纵装置。

（4）分类存放物资，建立夜间识别标志，采取多种方法提高作业效率。

（5）光线不足时，要密切协作，平时要加强适应性训练。

3. 作业注意事项

（1）长时间作业，午夜后如有昏睡的预感，应立即停车短暂休息，或下车做些活动振作精神，切忌勉强驾驶和作业。

（2）光线不足时，要随时注意观察发动机冷却液温度表、电流表、油压表和油温表等，发现异常，应立即停车检查并排除故障。

（3）叉装物资虽有载荷曲线可参考，但所装物资并非都有明确重量，因此在叉装时，驾驶员一定要时时防止超载，以免造成机器损坏或酿成事故。防止的方法，一般是靠听觉和触觉。"听觉"指听发动机的声音变化，如果起升时发动机声响变得明显沉闷，则表明已经超载。"触觉"指驾驶员要注意操作手柄和座椅传来的信号。当操纵操作手柄时，安全阀发出"嘶嘶"声而货物不动或感到座椅在抬高，而物资并未起升时，表明严重超载，如果不停止操作则将倾翻。

（4）装卸作业前，要根据货物数量选定装卸场，在场地周围、货垛处设立各种标志，并确定车辆的行驶路线，做到快装、快卸、快离现场。

（5）装卸作业时，要根据作业场地和周围环境，合理运用装卸运输工具，专人指挥引导疏通。

（6）装卸作业中，严禁一切人员在货叉下停留，不得在货叉上载人起升。起吊货物、起步行走首先鸣笛。严禁作业中调整机件或进行保养检修工作。

（7）载货运行时，货叉应离地面30cm左右，不得紧急制动和急转弯，严禁载人行驶。

二、低温条件下的使用

1. 使用特点

（1）低温条件下，油液黏度较大，燃油汽化性能较差，发动机启动困难。特别是露天存放及车库采暖较差的条件下存放的叉车，驱动桥、变速器及发动机内的润滑油黏度很大，因此增加了运行阻力，降低了工作效率。

（2）在低温条件下，叉车上的金属、橡胶制品等材料都有变脆的倾向，机件和轮胎等容易损坏。

（3）低温条件下，叉车经济性明显下降，燃料消耗增加。

（4）严寒季节风大、雾多、下雪结冰，影响驾驶员视线。此外，由于路面冰冻积雪，附着力降低，车轮容易发生打滑现象。特别是制动停车距离较长，给驾驶员的安全操作带来困难。

（5）由于天气寒冷，驾驶员工作中操作不便，容易简化作业程序，并且穿戴较多，上下车时容易磕碰机件。

2. 作业注意事项

（1）进入严寒期前，提前做好换季保养工作，发动机及底盘各有关部位采用寒区润滑油，运行初期要缓慢加速。

（2）冷机启动时，由于机油黏度大，流动性差，各运动零件之间润滑油膜不足，启动后会产生半液体摩擦甚至干摩擦。同时由于气温低，汽油不能充分燃烧，会冲淡气缸壁上的润滑油，使润滑油的润滑效能降低，加剧发动机机件的磨损，缩短发动机的使用寿命。因此，在严寒季节采暖条件不良的情况下，应进行预热（严禁用明火预热），且一般采用加注热水的方法，以提高发动机的温度。

（3）经常清洗汽油箱、汽油滤清器、化油器和液压油箱等，防止有水结冰。

（4）露天存放的叉车，应放净冷却液或加注防冻液，以免冻裂发动机。

（5）叉车行驶时禁止急转弯、急制动。冰雪天气在坡道上行驶或场地作业时，要采取铺垫炉灰、草片等防滑措施。

（6）叉车运行中，应采取各种措施保持发动机的正常工作温度。

三、高温、高湿条件下的使用

1. 使用特点

高温、高湿条件下，气温较高，天气炎热，给驾驶员的安全作业也会带来很大的影响。

（1）高温下，发动机散热性能变差，温度易过高，使其动力性、经济性变坏。

（2）容易产生水箱"开锅"、燃料供给系统气阻、蓄电池"亏液"、液压制动因皮碗膨胀变形而失灵、轮胎随着外界气温升高而发生爆裂等。

（3）高温、高湿条件下，叉车各部位的润滑油（脂）易变稀，润滑性能下降，造成大负荷时机件磨损加剧。

（4）由于气温较高，再加上蚊虫叮咬，驾驶员睡眠受到影响，因此工作中容易出现精神疲倦及中暑现象，不利于作业安全。

（5）雷雨天气较多，因路面、装卸场地有水，附着力降低，容易侧滑，影响叉车、人员和货物安全。

2. 作业注意事项

（1）进入酷暑期前，提前做好准备，放出发动机、驱动桥、变速器和转向器等处的冬季润滑油脂，清洗后按规定加注夏季润滑油脂。

（2）清洗水道，清除冷却系统中的水垢，疏通散热器的散热片。经常检查风扇传动带的张紧度。

（3）适当调整发电机调节器，减小发电机的充电电流。

（4）作业中注意防止发动机过热，随时注意冷却液温度表的指示读数，如果冷却液温度过高，要采取降温措施。要保持冷却液的数量，添加时要注意防止冷却液沸腾造成烫伤。

（5）要经常检查轮胎的温度和气压，必要时应停于阴凉处，待胎温降低后再继续作业，不得采用放气或浇冷水的办法降压降温，以免缩短轮胎使用寿命。

（6）要经常检视制动效能，以防止因制动主缸或轮缸皮碗老化、膨胀变形和制动液汽化造成制动失灵的故障。

（7）调整蓄电池电解液密度，并疏通蓄电池盖上的通气孔，保持电解液高出隔板 10～15mm，视情况加注蒸馏水。

（8）作业前要保证充足的睡眠，保持精力充沛。如作业中感到精神倦怠、昏沉和反应迟钝等，应立即停车休息，或用冷水擦脸振作精神，以确保行车、作业安全。

（9）做好防暑降温工作，防止中暑。

四、高海拔条件下的使用

1. 使用特点

我国高原地区主要指西北高原和西南高原，海拔多在 2000～4000m，甚至更高，大气压力低，气温变化大，风雪多。大气压力低最为突出，对叉车使用性能的影响也最大。

（1）海拔高、气压低，空气密度小，使发动机充气量不足，功率下降，动力性和经济性变差。

（2）海拔高、气压低，水的沸点也低。叉车长时间工作，易出现冷却液沸腾、发动机温度升高现象，影响叉车的使用。

（3）海拔高、气压低，使轮胎气压相对变高，容易爆裂损坏。

（4）液压制动的内燃叉车，在高原使用醇型制动液，制动管路常发生气阻现象，致使制动失灵，易发生事故。

（5）海拔高、空气稀薄缺氧，驾驶员易产生高原反应，出现乏力、眩晕、头痛和恶心等症状；气候多变、温差大，容易引起冻伤、感冒等，给安全行车和作业带来不利影响。

2. 应采取的措施

（1）改善发动机动力性和经济性，通常采取的方法：调整点火正时。将分电器点火提前角（柴油机喷油提前角）适当提前，一般比平原地区提前 2°～3°。

（2）加强水冷系统的密封，使冷却液的沸点提高，避免过早溢出。

（3）在高原行驶、作业的叉车，适当调低轮胎气压。

（4）矿油型制动液具有制动压力传递快、制动效果好、不易挥发变稠等特点，适合高原叉车使用，但使用矿油型制动液必须同时换用耐矿物油的橡胶皮碗。

3. 作业注意事项

（1）由于海拔高、空气稀薄，温差变化大，人员要注意休息，夏季注意防晒，冬季注意保温。

（2）高原的冬季特别寒冷，一定要做好保温与防冻工作。

（3）叉车行驶、作业时，要注意观察发动机温度，避免发动机温度过高或过低。

（4）尽量减少户外作业时间，必须工作时，要缩短时间、提高效率。

五、在易燃、易爆危险环境下的使用

在有易燃气体和粉尘的危险区域内作业，一旦出现火源，其后果不堪设想。国家《机动工业车辆安全规范》明确规定，在易燃、易爆环境中作业的车辆必须获得在此环境中作业的许可证方可进行作业。目前国内还没有为在潜在的可燃性气体环境中使用的机动车辆专门制定安全标准及法规。但在危险环境中使用的叉车必须遵守我国有关的防爆安全法规，备好灭火器材和防毒器具等。

第四篇　叉车的维护保养与故障排除

第十一章　内燃叉车维护保养的制度要求

　　叉车在使用和保管过程中，由于机件磨损、自然腐蚀和老化等原因，其技术性能将逐渐变坏。因此，必须及时进行保养和修理。保养的目的是恢复叉车的正常技术状态，保持良好的使用性能和可靠性，延长使用寿命；减少油料和器材消耗；防止事故，保证行驶和作业安全，提高经济效益和社会效益。

第一节　内燃叉车保养的主要内容

　　内燃叉车保养有许多内容，按其作业性质区分，主要工作有清洁、检查、紧固、调整和润滑等，见表 11-1。

表 11-1　内燃叉车保养的主要内容

项目	内　　容	要　　求
清洁	清洁工作是提高保养质量、减轻机件磨损和减少油料、器材消耗的基础，并为检查、紧固、调整和润滑做好准备	车容整洁，发动机及各总成部件和随车工具无污垢，各滤清器工作正常，液压油、机油无污染，各管路畅通无阻
检查	通过检视、测量、试验和其他方法，确定各总成、部件技术性能是否正常，工作是否可靠，机件有无变异和损坏，为正确使用、保管和维修提供可靠依据	发动机和各总成、部件状态正常。机件齐全可靠，各连接件、紧固件完好
紧固	由于叉车运行中的颠簸、振动、机件热胀冷缩等原因，各紧固件的紧固程度会发生变化，甚至会松动、损坏和丢失	各紧固件必须齐全无损坏，安装牢靠，紧固程度符合要求

续表

项目	内　容	要　求
调整	调整工作是恢复叉车良好技术性能和确保正常配合间隙的重要工作。调整工作的好坏直接影响仓库叉车的经济性和可靠性。因此，调整工作必须根据实际情况及时进行	熟悉各部件调整的技术要求，按照调整的方法、步骤，认真细致地进行调整
润滑	润滑工作是延长叉车使用寿命的重要工作，主要包括发动机、齿轮箱、液压缸及传动部件关节等	按照不同地区和季节，正确选择润滑剂品种，加注的油品和工具应清洁，加油口和油嘴应擦拭干净，加注量应符合要求。以 CPQ20 型内燃叉车为例说明润滑用油部位，如图 11-1 所示

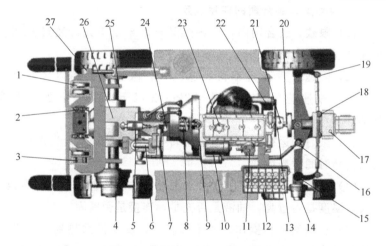

图 11-1　内燃叉车润滑用油部位

1—门架、货叉架大滚轮轴承；2—起重链；3—侧推滚轮内孔；4—驱动轮轮毂轴承；5—制动总泵储油罐；6—转向器；7—离合器、制动器踏板转轴；8—离合器分离轴承；9—曲轴输出-变速器输入轴承；10—起动机前后轴承；11—分电器活动触点臂轴和凸轮油毡；12—蓄电池极柱；13—传动轴两端；14—转向轮轮毂轴承；15—转向主销轴承；16—直拉杆球销；17—油泵减速器；18—扇形板转轴轴承；19—横拉杆球销；20—摆动轴前后端面油嘴；21—水泵轴油嘴；22—发电机前后轴承；23—发动机机油盘；24—变速器；25—门架与车体连接轴承；26—驱动桥；27—倾斜油缸前后轴销

第二节　内燃叉车保养的种类

内燃叉车保养必须坚持预防为主的原则，将维护保养制度化、规范化、科学化，努力提高叉车的使用效率。保养分为磨合期保养、日常保养、封存保养、换季保养和定期保养五种。

一、磨合期保养

新出厂或大修后的叉车，在规定作业时间内的使用磨合，称为叉车磨合期。内燃叉车磨合期工作的特点：零件加工表面比较粗糙，润滑效果不良，磨损加剧，紧固件易松动，因此必须按照内燃叉车磨合期的规定进行使用和保养。

1. 内燃叉车磨合期的使用规定

（1）限载。磨合期内，3t 内燃叉车起重量不允许超过 600kg，起升高度一般不超过 2m。

（2）限速。发动机不得高速运转，限速装置不得任意调整或拆除，车速应经常保持在 12km/h 以下，不得急加速和急制动。

（3）限时。运行前发动机需空转 5min 左右，冷天为发动机预热，空转时间适当增加。

（4）按规定正确选用燃油和润滑剂。注意检查叉车的噪声是否过大，温度是否过高，油液是否充足，连接是否紧固。

（5）正确驾驶和操作。要正确启动，发动机预热到 40℃以上才能起步；起步要平稳，待温度正常后再换高速挡；适时换挡，避免猛烈撞击；选择好路面；尽量避免紧急制动；使用过程中密切注意变速器、驱动桥、车轮轮毂和制动鼓的温度；在装卸作业时，严格遵守操作规程。

2. 磨合期保养的项目

磨合期保养的项目主要有磨合期前保养、磨合期中保养、磨合期后保养，见表 11-2。

表 11-2　磨合期保养项目

分类	特点	项　目
磨合期前保养	主要是对叉车进行检查,做好使用前的准备工作	(1)清洁车辆 (2)检查、紧固全车各总成外部的螺栓、螺母、管路接头、卡箍及安全锁止装置 (3)检查全车油、液有无渗漏现象 (4)检查机油、齿轮油、液压油和冷却液液面高度 (5)润滑全车各润滑点 (6)检查轮胎气压和轮毂轴承张紧度 (7)检查转向轮前束、转向角和转向系统各机件的连接情况 (8)检查、调整离合器及制动器踏板自由行程和驻车制动器操纵杆行程,检查制动装置的制动效能 (9)检查、调整 V 带张紧度 (10)检查蓄电池电解液液面高度、密度和负荷电压 (11)检查各仪表、照明、信号、开关、按钮及随车附属设备工作情况 (12)检查液压系统分配阀操纵杆行程及各工作油缸行程 (13)检查、调整起重链条的张紧度 (14)检查门架、货叉的工作情况
磨合期中保养	磨合期中保养一般在工作 25h 后进行	(1)检查、紧固发动机气缸盖和进、排气歧管螺栓、螺母 (2)检查、调整气门间隙 (3)润滑全车各润滑点 (4)更换发动机机油 (5)检查升降油缸、倾斜油缸、转向油缸、分配阀的密封情况
磨合期后保养	磨合期后保养一般在工作 50h 后进行	(1)清洁全车 (2)拆除汽油发动机限速装置 (3)清洗发动机润滑系统,更换发动机机油和机油滤清器滤芯,清洗全车各通气口 (4)清洗变速器、变矩器、驱动桥、转向系统和工作装置液压系统,更换润滑油、液压油和液力油。清洗各油箱滤网 (5)清洁空气滤清器 (6)清洗燃油滤清器和汽油泵沉淀杯及滤网,放出燃油箱沉淀物 (7)检查轮毂轴承张紧度和润滑情况 (8)检查、紧固全车各总成外部的螺栓、螺母及安全锁止装置 (9)检查制动效能 (10)检查、调整 V 带张紧度 (11)检查蓄电池电解液液面高度、密度和负荷电压 (12)检查工作装置的工作性能 (13)润滑全车各润滑点

二、日常保养

日常保养是以清洁叉车和外部检查为主要内容的保养，包括使用前检查、工作中检查和回库后保养，见表 11-3。

表 11-3 日常保养项目

类 别	检 查 项 目
使用前检查	(1)检查燃油、润滑油、液压油和冷却液是否加足 (2)检查全车油、液有无渗漏现象 (3)检查各仪表、信号、照明、开关、按钮及其他附属设备工作情况 (4)检查发动机有无异响,工作是否正常 (5)检查转向、制动、轮胎和牵引装置的技术状况及紧固情况 (6)检查起升机构、倾斜机构、叉架和液压传动系统的技术状况及紧固情况 (7)检查随车工具及附件是否齐全
工作中检查 (通常在工作后 2h 左右进行)	(1)检查发动机、底盘、工作装置、液压系统、仪表及信号装置的工作情况 (2)检查轮毂、制动鼓、变速器、变矩器、齿轮泵和驱动桥温度是否正常 (3)检查轮胎、转向和制动装置的状态及紧固情况 (4)检查机油、冷却液、液压油的液面高度和温度及全车油、液有无渗漏现象
回库后保养	(1)清洁车辆 (2)添加燃油,检查润滑油、冷却液、液压油、液力油,北方冬季若未加防冻液或没有暖库应放尽冷却液 (3)检查 V 带的完好情况和张紧度 (4)检查轮胎气压 (5)检查叉架、起重链拉紧螺栓的紧固情况 (6)检查升降油缸、倾斜油缸、转向油缸和各管接头的密封情况 (7)排除工作中发现的故障 (8)检查、整理随车工具及附件 (9)每工作 40～50h 应增加下列保养项目: ①清洗空气滤清器 ②清洁蓄电池外部,检查电解液液面高度和极柱、连接线的清洁、紧固情况 ③检查分电器触点,润滑分电器轴和凸轮 ④检查、紧固全车各总成外部易松动的螺栓 ⑤对水泵轴承,转向节主销,横、直拉杆球头销,倾斜液压缸横销,三连板中心销,叉架、滚轮等易缺油的部位加注润滑脂和润滑油 ⑥对起重链条进行润滑和调整

三、封存保养

凡预计三个月以上不使用的叉车，均应进行封存。封存的叉车技术状态必须良好。封存前应根据不同车况进行相应种类和级别的保养，达到技术状态良好的标准。新叉车、大修叉车或发动机大修后的叉车，一般应完成磨合期后再封存。

四、换季保养

凡全年最低气温在－5℃以下的地区，在入夏和入冬前必须对叉车进行换季保养。换季保养项目如下。

（1）清洗燃油箱，检查防冻液状况。

（2）按地区、季节要求更换润滑油、燃油、液压油和液力油。

（3）清洁蓄电池，调整电解液密度并进行充电。

（4）检查放水开关的完好情况。

（5）检查发动机冷启动装置。

五、定期保养

1. 定期保养的类型

定期保养是叉车在使用一定时间后所进行的保养工作，分为一级保养和二级保养。一级保养以清洁、润滑和紧固为主要内容，并检查有关制动、操纵等安全、作业装置和部件。二级保养以检查、调整为主要内容，并拆检轮胎，进行轮胎换位。为了解和掌握叉车技术状况及磨损情况，必须对叉车进行检测诊断和技术评定，并根据诊断结果确定小修项目。

2. 定期保养的周期

内燃叉车一级保养的间隔时间为发动机累计运转 150h，每年工作时间不足 150h 的内燃叉车，每年进行一次一级保养；二级保养的时间间隔为 450h，每三年工作时间不足 450h 的内燃叉车，每三年进行一次二级保养。

3. 定期保养的项目

以 CPQ20 型叉车为例，定期保养的项目见表 11-4。

表 11-4　CPQ20 型内燃叉车定期保养项目

序号	保养项目		一级保养	二级保养
1	清洁外		○	○
2	清洁、更换滤清器	清洁空气、机油、汽油滤清器,更换机油滤芯	○	○
		更换空气、汽油滤清器滤芯		○
3	检查各部位润滑油	检查各部位润滑油液面高度,清洁通气塞孔	○	
		清洗发动机润滑系统,更换润滑油		○
		清洗齿轮箱内部,更换润滑油		○
4	检查、调整气门间隙		○	○
5	清洗、检查曲轴箱通风装置		○	○
6	测量气缸压力,视情况检查气缸磨损情况,修磨气门和更换活塞环,消除燃烧室积炭			○
7	清洗、检查、调整汽油泵和化油器		○	
8	清洗、检查集滤器			○
9	检查活塞和活塞环,检查活塞与气缸的磨合、活塞销与座孔及衬套的配合情况			○
10	检查曲轴(连杆)轴颈与曲轴(连杆)轴承技术状况			○
11	检查曲轴、凸轮轴轴向间隙			○
12	检查气门摇臂、推杆、挺杆及其与导孔的配合情况			○
13	清洗冷却系统,检查水泵和节温器		○	
14	保养分电器	清洁分电器触点,检查、调整触点间隙,校正点火正时	○	
		检查分电器轴轴向、径向间隙		○
15	清洁火花塞,检查、调整电极间隙		○	
16	清洁发电机内部;润滑轴承,检查电刷与集电环的接触情况		○	○
17	清洁蓄电池外部,检查蓄电池固定情况和电解液液面高度,测量电解液密度和负荷电压		○	○
18	检查各仪表、照明、信号的工作状况		○	○

续表

序号	保养项目		一级保养	二级保养
19	检查、紧固各电线插头		○	
20	检查、调整调节器的调节电压			○
21	清洁、检查、润滑起动机			○
22	检查调整离合器	检查摩擦片技术状况		○
		检查、调整分离杠杆高度	○	○
		检查、润滑分离轴承	○	○
23	检查变速器的紧固情况,检查有关齿轮的技术状况			○
24	检查驱动桥的技术状况			○
25	检查、调整离合器踏板自由行程		○	○
26	检查、调整制动踏板自由行程		○	○
27	检查、调整驻车制动器操纵杆行程		○	○
28	保养轮毂轴承	检查轮毂轴承张紧度	○	○
		清洗、检查、调整轮毂轴承,更换润滑脂,检查轮毂油封和半轴套管的技术状况	○	○
29	保养制动装置	检查制动管路、制动底板和蹄片的磨损情况	○	○
		检查制动总(分)泵皮碗,补充制动液,检查制动效能	○	○
30	保养转向装置	检查、调整、润滑转向机		○
		检查、调整连杆及转向垂臂的安装状态		○
		检查转向节及转向三连板的安装状态		○
		检查主销的安装状态	○	○
		清洁、检查、润滑横、直拉杆	○	○
		检查、调整转向轮定位和转向角	○	○
31	检查轮胎,涂抹滑石粉,轮辋除锈涂漆		○	○
32	检查全车防尘装置,润滑全车各润滑点		○	○

续表

序号	保养项目		一级保养	二级保养
33	清洗油箱,检查汽油箱盖的工作情况		○	○
34	检查液压系统	检查分配阀操纵杆的灵活性及行程	○	○
		检查油泵的工作情况及花键轴的磨损		○
		检查分配阀总溢流阀的压力		○
		检查起升缸,倾斜缸裂纹、损伤、变形及安装状况		○
		检查管路的漏油、损伤及接头的连接状况	○	○
35	检查工作装置	检查门架和滑架的裂纹、变形、损伤及轴承活动状况		○
		检查、润滑、调整起重链条,检查链条的伸长、变形及张紧度和安装状况	○	○
36	检查工作装置	检查货叉和挡货架磨损、损伤及变形和安装状况		○
37	检查驾驶座椅的安装状况及损伤情况			○
38	检查护顶架的设置及损伤情况		○	○
39	检查全车总成外部螺栓、螺母紧固及安全锁止状况		○	○

注:"○"代表要完成此项工作。

4. 内燃叉车二级保养标准

(1) 发动机启动容易,各种转速下运转平稳,改变转速时过渡平滑,工作良好。

(2) 发动机温度正常,机油压力、气缸压力符合要求。

(3) 离合器接合平稳,分离彻底,无打滑、发抖现象,踏板自由行程符合要求。

(4) 液力变矩器工作可靠、平稳,无过热、抖动现象。

(5) 变速器换挡时轻便灵活,无乱挡、跳挡现象。

(6) 动力换挡变速器换挡轻便、准确,无跳挡和分离不彻底现象，制动时能迅速切断动力。

（7）轮胎安装正确，气压符合要求。

（8）转向机操纵轻便灵活，各部件螺栓紧固、锁止可靠。转向轮前束、转向角和转向盘游动间隙符合要求。

（9）制动踏板自由行程为 20～30mm、驻车制动器操纵杆行程和驻车制动效能（操纵杆拉到底时应能使空载叉车稳定地停在20%坡度的坡道上）符合要求。

（10）轮毂轴承、制动蹄片等部件间隙调整适当，工作温度正常。

（11）蓄电池外部清洁，电解液液面高度和密度符合要求。

（12）发电机工作性能良好，传动带张紧度符合要求。

（13）发电机调节器工作性能符合要求。

（14）起动机工作性能良好，调整适当，防尘箍完好。

（15）各仪表、灯光、信号、开关工作正常，全车线路齐全完好，固定可靠。

（16）液压系统各部件安装正确，工作可靠，分配阀操纵杆操纵灵活、准确。

（17）门架和叉架运动灵活，链条张紧度适当。

（18）各总成内润滑油量、品质符合要求，各润滑点及活动关节按要求加注润滑剂。

（19）液力油和液压油油量、品质符合要求。

（20）全车无漏油、漏液现象，所有连接螺栓紧固可靠。

（21）车容整洁，车体、前脸总成、发动机罩、平衡重、护顶架、门架、货叉等无明显缺陷。

（22）随车工具及附件齐全，无丢失、损坏和锈蚀情况。

（23）对环境的污染不超过相关国家环境保护标准。

第三节　内燃叉车油料的选择与使用

叉车的运行离不开各种油料，以内燃发动机为动力的叉车需要以石油产品为燃料，即使是以电源为动力的叉车，也需要各种不同的润滑油、润滑脂。尤其是叉车广泛使用液压机构，液压油的使用必不可少。正确选择和使用好叉车油料，对提高叉车使用效率、延长使用寿命至关重要，因此必须了解学习油料的选择方法，懂得油料使用常识，提高叉车的养护质量。

一、内燃叉车油料的种类

内燃叉车所用的油料共有三大类九种。内燃叉车上所用油料主要包括燃料（柴油、液化石油气）、润滑剂（发动机润滑油、齿轮油、润滑脂）和车用工作液（液力传动油、液压油、制动液、冷却液）三大类。电动叉车所用油料主要包括润滑剂（齿轮油、润滑脂）和车用工作液（液压油、制动液）两大类，它们在不同的系统中分别起到不同的重要作用。

二、内燃叉车油料的选择与使用

1. 燃料

（1）柴油　分轻柴油和重柴油，轻柴油用于高速柴油机，重柴油用于中、低速柴油机。叉车使用的柴油一般都是轻柴油。

GB 19147—2016《车用柴油》将柴油按凝点分为 5 号、0 号、－10 号、－20 号、－35 号、－50 号共 6 个牌号。牌号的含义为凝点，每种牌号柴油的凝点不应高于其牌号的数值。如 5 号的柴油，它的凝点不能高于 5℃。叉车用柴油牌号的选择，通常要根据不同的外界气温来选择不同牌号的柴油，应根据柴油使用地区风险率 10％的最低气温选用柴油牌号，具体见表 11-5。

表 11-5　轻柴油的选择

牌号	适用条件	地区范围
5 号	适用风险率为 10％,最低气温在 8℃以上的地区使用	全国各地区 4～9 月份及长江以南地区全年均可使用
0 号	适用风险率为 10％,最低气温在 4℃以上的地区使用	
－10 号	适用风险率为 10％,最低气温在－5℃以上的地区使用	长城以南地区冬季和长江以北、黄河以南地区严冬使用

牌号	适用条件	地区范围
—20 号	适用风险率为 10%，最低气温在—14℃以上的地区使用	长城以北地区冬季和长城以南、黄河以北地区严冬使用
—35 号	适用风险率为 10%，最低气温在—29℃以上的地区使用	东北、华北、西北地区严寒地区使用
—50 号	适用风险率为 10%，最低气温在—44℃以上的地区使用	

（2）液化石油气　简称 LPG，是一种无毒、无色、无味气体。具有辛烷值高、抗爆性好、热值高、排放污染小、储运压力低等优点。叉车发动机使用车用液化石油气，即车用丙烷和丙、丁烷混合物。

2. 润滑剂

叉车上常用的润滑剂有发动机润滑油、齿轮油、润滑脂。

（1）发动机润滑油　是润滑系统的液态工作介质。其作用主要为润滑、清洁、冷却、密封和防锈。美国润滑油的 API 性能分类法和 SAE 黏度分类法已被世界各国所公认和广泛采用，我国参照这两种润滑油的分类方法制定了 GB/T 28772 和 GB/T 14906 标准。GB/T 28772—2012《内燃机油分类》按使用性能划分了汽油发动机润滑油（S 系列：SE、SF、SG、SH、SJ、SL、SM、SN八个级别）、柴油发动机润滑油（CC、CD、CF、CF-2、CF-4、CG-4、CH-4、CI-4、CJ-4 九个级别）的类别。根据 100℃运动黏度对春季、夏季、秋季用油可分为 20、30、40、50 和 60 五个牌号；根据润滑油低温最大动力黏度、最低边界泵送温度和 100℃时运动黏度可分为 0W、5W、10W、15W、20W、25W 六个牌号，W 表示冬季用油。符合一项要求的为单级油，符合两项要求的为多级油。多级油冬夏通用，一年四季不需换油。叉车发动机润滑油一般都使用多级油。

发动机润滑油的选择：一是质量等级，如柴油机润滑油的CD、CF-4、汽油机润滑油的 SF 等，根据发动机制造商或工程机械制造商的推荐，以及叉车的使用工况等实际情况，相应提高用油等级；二是黏度等级，如 SAE 15/40、30、40 等。发动机润滑油黏度等级的选择应综合考虑发动机工作的环境温度、载荷、磨损状况等，具体见表 11-6。

表 11-6 发动机润滑油黏度等级选择

黏度等级	适用环境气温/℃	黏度等级	适用环境气温/℃
5W	−30～10	15W/30	−20～30
5W/20	−30～15	20/20W	−15～20
5W/30	−30～30	20	−10～20
10W	−25～20	30	−10～30
10W/30	−25～30	40	−5～40 以上

发动机润滑油使用应注意的问题如下。

① 应根据发动机制造商说明书所规定的要求选择润滑油，高质量等级的油可以代替低质量等级的油。

② 优先使用多级油，多级油具有突出的高、低温性能，如 15W/40 油等在我国黄河以南地区四季通用。

③ 要保持曲轴箱通风良好，注意使用中润滑油的颜色、气味变化，或定期检查润滑油各项性能指标。一旦发现颜色、气味以及性能指标有较大变化，应及时更换润滑油。

④ 应采用热机放油方法更换润滑油，即先运行车辆，然后趁热放出润滑油，以便使发动机内的油泥、污物等尽可能地随润滑油一起排出。

⑤ 要勤加少添，油量不足会加速机油的变质，而且会因缺油引起零件的烧损；润滑油加注过多，不仅会使润滑油消耗量增大，而且过多的润滑油易窜入燃烧室内，恶化混合气的燃烧。

⑥ 要定期检查清洗机油滤清器，清理油底壳中的脏物和杂物。

⑦ 要避免不同牌号的内燃机润滑油混用，柴油机润滑油可以代替汽油机润滑油，但汽油机润滑油不能代替柴油机润滑油。

⑧ 选购时，应尽可能地购买有影响、有知名度的正规厂家的润滑油，注意辨别真假，确保质量。

（2）齿轮油　车辆齿轮油和其他润滑油一样，主要功能是减少齿轮及轴承的摩擦与磨损，加强摩擦表面的散热，防止机件发生腐蚀和锈蚀。叉车用车辆齿轮油主要用于叉车的机械换挡变速器、减速器以及驱动桥等传动机构的润滑。

叉车的驱动桥和减速器一般采用重负荷车辆齿轮油，牌号为80W/90、85W/90；机械换挡变速器可以采用普通车辆齿轮油，但为了减少叉车上油品使用的种类，也可采用重负荷车辆齿轮油。

我国的车辆齿轮油分类与发动机润滑油一样，采用美国API的车辆齿轮油分类，分为普通、中负荷和重负荷车辆齿轮油三类，主要有75W、80W、85W、90、140五种黏度牌号，W表示冬季齿轮油。车辆齿轮油的选择包括质量级别和黏度牌号。质量级别根据齿轮类型和工作条件进行选择，黏度牌号根据最低环境温度和传动装置的运行最高温度选择，具体见表11-7。

表11-7　车辆齿轮油的黏度牌号选择与使用

牌号	最低工作温度/℃	适用地区	使用注意事项
75W	−40	黑龙江、内蒙古、新疆等严寒地区	（1）质量级别较高的齿轮油可以用在质量级要求较低的场合，但过多降低使用在经济上不合算，质量级别较低的齿轮油不能用在质量级别要求较高的场合 （2）在满足黏度要求的基础上，尽量使用黏度牌号低的齿轮油。黏度牌号过高，传动效率低，会增加燃料消耗 （3）不同品牌的齿轮油不要混用 （4）要注意适时更换齿轮油。换用不同品牌车辆齿轮油时，一定要将原车辆齿轮油趁热放出，并将油箱清洗干净后再加入新油
80W	−26	长江以北冬季最低气温不低于−26℃的寒冷地区	
85W	−12	长江以北及其他冬季最低气温不低于−12℃的寒冷地区	
90	−10	长江流域及其他冬季最低气温不低于−10℃的地区全年使用	
140	10	南方炎热地区夏季使用或负荷特别重的车辆使用	
80W/90	−26	气温在−26℃以上地区冬夏通用	
85W/90	−12	气温在−12℃以上地区冬夏通用	

（3）润滑脂　在叉车上，润滑脂主要用于传动系统、行驶系统、转向系统等有相对运动的销轴部位，如万向节、球头销、轮毂轴承。通常有钙基润滑脂、钠基润滑脂、钙钠基润滑脂、锂基润滑脂和工业凡士林等。润滑脂的选择包括对润滑脂品种（即使用性能）和对稠度等级的选择。在叉车上使用的主要有钙基润滑脂（俗称"黄油"）、通用锂基润滑脂两大类，其稠度等级基本上为2级和3级。叉车使用最多的是3号锂基润滑脂。选用时，冬季宜用号数小的润滑脂。速度低、负载大的机件，应选用号数大的润滑脂，反之，则选用小号润滑脂。目前，叉车上钙基润滑脂用得越来越少，而锂基润滑脂用得越来越多（表11-8）。

表11-8　常用两种不同润滑脂比较

类型	优　点	缺　点	应用
钙基润滑脂	耐水性好，遇水不易乳化，容易黏附在金属表面，胶体安定性好，适用于−10～60℃温度范围	耐热性差，滴点在80～95℃之间，超过100℃时就失去稠度，在重负荷温度偏高的情况下使用寿命短	渐少
锂基润滑脂	具有良好的抗水性、机械安定性、缓锈性和氧化安定性，适用于−20～120℃温度范围	不宜与其他润滑脂混合使用，储存时易析油	渐多

润滑脂使用注意事项如下。

① 必须按照叉车随机文件要求适时、适量按规定牌号加涂润滑脂。

② 不同牌号润滑脂不能混用。使用后剩余的润滑脂在原包装内抹平，以防析油。

③ 在润滑脂的使用和保存过程中，应严防水分、沙尘等外界杂质的侵入，尽量减少润滑脂与空气的接触。

④ 在满足使用要求的情况下，尽量使用低稠度润滑脂，可节约用脂量和动力消耗。

⑤ 更换润滑脂时，要将轴承洗净擦干。不可加热后使用。

⑥ 实行空载润滑，因为满载润滑易造成浪费，温度升高时影响制动效能。

3. 车用工作液

（1）液力传动油　用于叉车液力变矩器和液力变速器的润滑、动力传递及控制，有 6 号普通液力传动油和 8 号液力传动油两种。选用液力传动油时，应按照叉车使用说明书的规定，选择适当规格的液力传动油。叉车上用得最多的是 6 号液力传动油。

使用液力传动油时应注意如下事项。

① 在使用和储存液力传动油时，要保持油料清洁，严禁混入水分和杂质，以防止油品乳化变质。

② 液力传动油是一种专用油品，加有染色剂，为红色或蓝色透明液体，不能错用，也不能混用。

③ 在叉车使用过程中，要注意油面高度、油质、油温等项目的检查。

④ 按车辆使用说明书的规定及时更换液力传动油和滤清器。

（2）液压油　叉车工作装置的动作、转向，甚至部分叉车的转向、制动，都是通过液压系统来实现的。这类液压系统中，油液的流速不大，但工作压力较高，故称为静压传动。传动介质即为液压油。液压油的黏度等级按 GB/T 3141—1994 的规定，等效采用国际标准 ISO 的分类，以 40℃ 运动黏度的中间值划分黏度牌号，共分为 10、15、22、32、46、68、100、150 八个黏度等级。

叉车作业属重负荷作业，适用环境广，温度变化大，要选择合适的液压油质量等级和黏度牌号。叉车液压油的品种主要选用 L-HM 和 L-HV。叉车用液压油黏度不能过大，也不能过小，选取主要考虑系统压力和使用温度，一般常选择黏度牌号为 32 和 46 的液压油，同时依据液压系统的主要元件齿轮泵、液压阀等不加大磨损的最低黏度及叉车停机停放时间较长的最低启动黏度。

液压油使用注意事项如下。

① 在使用过程中，要保持液压油的清洁，防止外界杂质、水

分等混入。

② 应按液压油的换油指标换油，防止液压油在使用过程中老化变质，以致发臭、颜色变深变黑，浑浊沉淀。

③ 不同品种、不同牌号的液压油不得混合使用。

④ 油箱内油液温度不能过高，超过规定温度时应查找原因并排除。

液压油更换工艺：换油是清除沉淀物、清洗系统、恢复整个液压系统传动性能的复杂过程。换油时，必须做到：一要在清洁无风的环境中进行，以免灰尘进入油液和零件中；二要对系统进行清洗，以便除去油液劣化生成的锈垢及其他杂质；三要把管路和元件中的旧油彻底排除干净，以免影响新油的使用寿命。具体步骤如下。

① 更换液压油油箱中的液压油，将油箱中的液压油放掉，并拆卸总油管，严格清洗油箱及滤清器。可先用清洁用化学清洗剂清洗，待晾干后，取用新液压油清洗，在放出清洗油后再加入新液压油。

② 启动发动机，以低速运转，使液压泵开始动作，分别操纵各机构。靠新液压油将系统各回路的旧油逐一排出，排出的旧油不得流入液压油油箱，直至总回油管有新油流出后停止液压泵转动。在各回路换油同时，应注意不断向液压油油箱中补充新液压油，以防液压泵吸空。

③ 将总回油管与油箱连接，将各元件置于工作初始状态，向油箱中补充新液压油至规定液位。

（3）制动液 叉车制动液是叉车液压制动系统中所采用的传递压力以制止车轮转动的工作介质，主要起传递能量、散热、防锈、防腐和润滑的作用。制动液在液压制动系统中肩负着重要作用，要求其安全可靠、质量高、性能好。常用的制动液以合成型居多，根据合成原料的不同分为醇醚型和酯型两种。制动液质量级别分为JG3、JG4、JG5 或 HZY3、HZY4、HZY5。在叉车上，最常用的制动液质量级别是 JG3、HZY3 和 JG4、HZY4，在某些制动要求特别高的场合要求使用 JG5、HZY5。

叉车制动液使用注意事项如下。

① 选用制动液时，应依据车辆的使用说明书推荐的制动液质量等级、牌号选择制动液，质量等级不能降低。

② 不同厂家和牌号的制动液不能混存混用。更换不同厂家和牌号的制动液时，应把整个制动系统的原有制动液清除干净。

③ 制动液有一定的毒性，因此一定不能用嘴去吸取制动液。

④ 制动液使用前必须检查，添加、更换制动液时，要确保制动液的清洁度，否则会影响叉车的制动性能，如发现白色沉淀、杂质等，应过滤后再用。

⑤ 制动液在使用过程中会因氧化变质或吸水导致低温性能下降，防锈性能变坏，需要适时更换。

⑥ 灌装制动液的工具、容器必须专用，不得与其他油品混用；不要露天存放制动液，要防止因日晒、雨淋或密封不好等造成的变质。

（4）冷却液　是发动机冷却系统的传热介质，具有冷却、防腐、防冻和防垢等作用。由水、防冻剂和各种添加剂组成。目前冷却液中常用的防冻剂主要有两种类型：乙二醇和丙二醇。我国冷却液按冰点可分为-25、-30、-35、-40、-45 和-50 共 6 个牌号。选择叉车冷却液时，首先要求选择类型，再根据当时冬季最低气温选择适当冰点（牌号）的冷却液，冰点应至少比最低气温低$10℃$。叉车常用冷却液适用范围见表 11-9。

表 11-9　叉车常用冷却液适用范围

牌号	适 用 范 围
-25 号	在我国一般地区,如长江以北、华北,环境最低气温在$-15℃$以上地区的车辆均可使用
-35 号	在东北、西北大部分地区、华北,环境最低气温在$-25℃$以上的寒冷地区车辆使用
-45 号	在东北、西北、华北,环境最低气温在$-35℃$以上的严寒地区车辆使用

冷却液使用的注意事项如下。

① 应严格按照供应商提供的说明书的比例配置，浓缩液的比例不能过大，如超过 60％，防冻能力会下降，同时也易产生沉淀、变质。

② 稀释浓缩液时要使用蒸馏水等软水。

③ 要定期检查冷却液的液位高度，冷却液使用中所蒸发的主要是水，发现水少时要及时添加，并检查冰点。

④ 冷却液有毒，加注时不能用嘴吸，如不慎洒在皮肤上，应迅速用清水冲洗干净。

⑤ 冷却液既能冬天使用，也能夏天使用，最好全年都使用冷却液。

⑥ 冷却液在正常情况下半年至一年需更换，如果未到半年就已变质，应及时更换。更换时，要将整个系统清洗干净。

第十二章　内燃叉车常见故障诊断与排除

第一节　叉车动力装置的故障诊断与排除

一、柴油机燃料供给系统常见故障的诊断与排除

柴油机燃料供给系统常见的故障比较多，主要有启动困难、功率不足、突然停机、运转声音异常、排气烟色不正常等，故障诊断及排除方法如下。

（1）柴油机启动困难的原因及排除方法见表12-1。

表 12-1　柴油机启动困难的故障原因与排除

故 障 原 因	排 除 方 法
燃油系统中有空气	检查燃油管路有无漏气之处并予排除，用输油泵排除系统内的空气
燃油系统有堵塞现象	拆卸清洗燃油管路
输油泵不供油或供油时断时续	检查输油泵柱塞及止回阀是否密封，弹簧是否断裂或失去弹性等
喷油器喷雾不良或喷油器压力过低	清洗喷油器偶件，调整喷油压力，检查喷油泵柱塞和出油阀的磨损情况及出油阀弹簧是否断裂
喷油泵柱塞磨损	更换喷油泵柱塞
活塞环和缸套严重磨损或活塞环结胶卡死、断裂等造成密封不严	更换活塞环和缸套
气门漏气	检查气门和气门座密封锥面磨损情况，研磨气门密封面，重新调整气门间隙
冬季气温低	采用电加热器或火焰进气预热器预热

续表

故 障 原 因	排 除 方 法
蓄电池电压低,使柴油机达不到最低启动转速	重新将蓄电池充电达到规定要求
电气线路接头松脱	检查接线并紧固
起动机齿轮不能嵌入飞轮齿圈	检查修理起动机吸铁机构

（2）柴油机功率不足的原因及排除方法见表12-2。

表 12-2　柴油机功率不足的原因及排除方法

故 障 原 因	排 除 方 法
空气滤清器阻塞,进气不足	清除滤芯尘土或更换滤芯
燃油管路或柴油滤清器阻塞,供油不足	清洗燃油管路或更换滤芯
供油提前角变动	检查并调整
气门间隙不对	检查并调整
喷油器雾化不良,喷孔堵塞,针阀咬死	检查、清洗或更换喷油器偶件并重新调整喷油压力
喷油泵供油不足	检查喷油泵柱塞偶件及出油阀磨损情况,必要时予以更换
发动机过热	检查冷却系统并清理水垢和水道中污物
排气管或消声器积炭严重	清除积炭
气缸压缩压力不足	检查气门与气门座的密封性,检查活塞环、气缸套和活塞的磨损情况,必要时研磨气门密封锥面或更换缸套、活塞环、活塞
燃油质量差	更换符合使用要求的燃油
环境温度太高或在高海拔地区运转	柴油机在高海拔地区或在环境温度太高的情况下,实际功率将下降,因此应在使用时降低负荷
增压器轴承磨损间隙超差、叶轮变形或咬轴	修理或更换增压器
增压进气管接头不密封或中冷器破损漏气	检查并处理进气管接头漏气部位或更换中冷器

（3）柴油机突然停机的原因及排除方法见表12-3。

表 12-3　柴油机突然停机的原因及排除方法

故 障 原 因	排 除 方 法
燃油系统进入空气	排除燃油系统空气
燃油管道或柴油滤清器阻塞	排除阻塞或更换滤芯
输油泵失效	修复或更换输油泵
曲轴抱死（可转动曲轴来判定）	润滑油油压不足或断油所致，检查机油泵及管路是否正常，更换曲轴轴瓦等损坏零件
活塞与缸套抱死	水箱断水或水泵失灵，检查水箱及传动带张紧度、拆检水泵。喷油器、喷油泵、增压器工作不正常，检查修理或更换。活塞冷却喷嘴咬死不喷油，更换冷却喷嘴

（4）柴油机飞车的原因及排除方法见表12-4。

表 12-4　柴油机飞车的原因及排除方法

故 障 原 因	排 除 方 法
电磁阀故障	检查油泵电磁阀
ECU 内部故障	更换 ECU
真空调速器的真空软管与大气室通大气的软管插错	调整软管接头
调速器调整不当或调速器失效	重新调整或更换调速器

注意，柴油机飞车时应立即切断油路，堵住进气口，带有排气制动阀的柴油机，可关闭排气制动阀以迫使柴油机停车；车辆下大坡采用拖挡时，必须因冲坡速度加大而相应提高挡位，以防止柴油机被倒拖而超速运转造成气门锁块脱落、推杆弯曲等重大事故。

（5）柴油机运转声音异常的原因及排除方法见表12-5。

表 12-5　柴油机运转声音异常的原因及排除方法

故 障 原 因	排 除 方 法
气门和摇臂间隙过大、单根气门弹簧折断或推杆弯曲（气缸盖罩部位有金属敲击声）	检查相关零件并调整气门间隙

故障原因	排除方法
活塞与气门间隙过大（气缸内发出撞击声,但随柴油机渐热而减轻）	更换磨损的活塞、活塞环和缸套
活塞销与连杆小头之间间隙过大（声音轻而尖,尤其怠速时更清晰）	更换活塞销和连杆小头衬套,保证规定的间隙
主轴瓦和连杆轴瓦间隙过大（当柴油机转速突然降低时,可听到金属撞击声,低速时声音沉重而有力）	更换主轴瓦、连杆轴瓦及曲轴,保证间隙
齿轮磨损间隙过大（突然降低转速时,在齿轮室处可听到金属撞击声）	更换全套齿轮
曲轴或凸轮轴轴向间隙过大（怠速时有前后游动的撞击声）	更换曲轴或凸轮轴止推片,保证规定间隙
水泵轴联轴承或发动机轴承损坏（发出连续响声）	更换水泵、发电机总成
增压器转子轴弯曲或叶轮变形造成叶轮与蜗壳擦壳	检查更换

（6）柴油机运转不稳的原因及排除方法见表 12-6。

表 12-6　柴油机运转不稳的原因及排除方法

故障原因	排除方法
柴油中混入较多水分	检查燃油含水量,更换合格柴油
喷油器工作不良	检查清洗或更换喷油器
燃油管路密封不严	检查油箱至喷油器各燃油管路的密封性
喷油泵传动齿条走动各缸供油不均	检查调整喷油泵

（7）柴油机排气烟色不正常的原因及排除方法见表 12-7。

表 12-7　柴油机排气烟色不正常的原因及排除方法

故障原因		排除方法
冒黑烟	超负荷运转	卸去超载的负荷
	喷油器喷油不良或喷油压力太低	清洗喷油器偶件,必要时更换,对喷油器压力重新进行调整
	燃油质量太差	换用规定牌号的燃油
	空气滤清器堵塞、增压器工作不正常、供气不足	清除空气滤清器滤芯尘土或更换滤芯,检查增压器工作是否正常

续表

故　障　原　因		排　除　方　法
冒黑烟	气门间隙不对,气门杆因积垢而在导管中黏滞或气门密封锥面漏气	检查气门间隙,清洗气门与气门导管孔,检查并研磨气门密封锥面
冒蓝烟	活塞环开口位于同侧	按三环搭口错开120°重新装配
	活塞环卡死或磨损过大	清洗或更换活塞环
	气门导管油封脱落或损坏	更换气门导管油封
	增压器润滑油油封密封失效	修复增压器,保证良好密封
	空压机活塞环密封失效,机油窜入气缸内	检查修复空压机
冒白烟	气缸内渗漏水	检查气缸密封垫密封情况,缸盖是否有裂纹,缸套是否有穴蚀孔或裂纹
	燃油中混入较多水分	换用规定牌号的燃油

二、润滑系统常见故障的诊断与排除

润滑系统的常见故障主要有机油压力过低或过高、气缸窜油和曲轴箱机油增多等,具体见表12-8。

表12-8　润滑系统常见故障原因及排除方法

故障	现　　象	原　　因	排除方法
机油压力过低	机油压力表指针上不去;冷车启动时压力正常,发动机热机后压力下降	(1)机油不足 (2)机油牌号不对 (3)集滤器堵塞 (4)油管接头渗漏 (5)机油滤清器旁通阀关闭不严 (6)机油压力调节阀弹簧软或折断 (7)发动机温度过高引起机油黏度降低 (8)曲轴轴瓦和连杆轴瓦磨损,配合间隙过大,造成机油泄漏	(1)抽出机油尺,查看机油是否充足,油中是否有水,必要时添加或更换机油 (2)发动机工作在情况下,观察各部位有无渗漏 (3)检查机油压力感应塞和机油压力表是否正常 (4)拧出机油压力感应塞,启动发动机,此时若有机油从螺孔喷出,说明润滑系统油压正常,而感应塞有故障 (5)必要时,拆卸油底壳,清洗集滤器、机油滤清器,检查调整曲轴轴瓦和连杆轴瓦的装配间隙

续表

故障	现　象	原　因	排除方法
机油压力过高	（1）机油压力表指针超过规定值 （2）机油滤清器垫经常冲坏 （3）机油软管爆裂	（1）机油黏度过高 （2）主油道有堵塞处 （3）限压阀调整不当 （4）机油滤清器旁通阀打不开 （5）大修发动机的曲轴轴瓦或连杆轴瓦的配合间隙过小	（1）抽出机油尺，查看机油是否过脏 （2）拆卸机油滤清器，查看是否有堵塞，旁通阀弹簧是否过硬 （3）查看限压阀弹簧是否过硬或活塞卡住 （4）用摇手柄摇转发动机，查看轴瓦是否装配过紧
气缸窜机油	（1）机油消耗过多 （2）排气管冒蓝烟 （3）火花塞积炭或被机油润湿，影响个别气缸点火	（1）活塞、活塞环、气缸壁磨损，配合间隙过大 （2）活塞环卡死在环槽内，活塞环失去弹性 （3）活塞环并口 （4）气门导管与气门杆配合过松 （5）气门杆油封失效	（1）拆卸火花塞，检视各缸工作情况，积炭过多或有机油润湿的气缸可能窜机油 （2）用气缸压力表测量各缸压力，凡是窜机油的气缸，其压力必然低于其他气缸 （3）必要时打开气缸盖，查看各气缸活塞顶部是否积存机油。径向推动活塞顶部，查看其配合间隙是否过大 （4）必要时，拆下活塞、连杆，测量活塞和气缸的磨损情况，根据需要更换活塞环、活塞或镗缸 （5）重配气门导管与气门杆，更换气门杆油封
曲轴箱机油增多	机油量比原来增多，曲轴运转阻力增大	气缸体裂损部位与冷却水套相通，有水漏入	（1）抽出机油尺，检视机油油位 （2）抽出机油尺，查看机油颜色，如机油中掺有水分，则会变为白色 （3）如缸体破裂，则利用水压试验找出渗漏处，进行修补

三、冷却系统常见故障的诊断与排除

冷却系统的主要故障是温度过高或过低，导致此类故障的主要

部件是水泵、散热器、风扇和节温器等，故障原因及排除方法见表12-9。

表 12-9 冷却系统常见故障原因及排除方法

故障	现　象	原　因	排除方法
温度过高	冷却液温度表指针指向100℃，散热器有"开锅"现象；发动机产生爆燃；发动机不易熄火；活塞膨胀，发动机熄火后不易启动	(1)冷却液不足 (2)冷却系统漏液，气缸垫冲破 (3)风扇传动带过松、打滑 (4)散热器格栅未打开 (5)散热器或气缸水套内有积垢 (6)点火时间过迟，长时间超负荷运转 (7)风扇叶片角度不对，影响吸风量 (8)节温器损坏打不开 (9)排气管预热控制阀卡死，未开足 (10)冷却系统水管堵塞、软管吸瘪，电动风扇的温度传感器损坏，风扇电动机损坏等	(1)打开散热器盖，检查冷却液量，操作时应将发动机熄火，待散热器冷却后，再慢慢拧开盖子，释放压力 (2)检查水泵泵水量。打开散热器盖，启动发动机，加速，查看水流循环是否随转速的提高而加快。如水流循环不良，则再检查水管是否堵塞和水泵功能是否良好 (3)抽出机油尺，查看机油颜色及油中是否有水分 (4)检查风扇传动带张紧度 (5)检视风扇叶片是否变形、损坏 (6)检视散热器散热片是否被灰尘盖住。必要时用压缩空气逆向吹净散热器上的灰尘 (7)发动机水套有轻度水垢，可用化学清洗剂进行清洗 (8)更换节温器 (9)调整点火时间 (10)修复排气管预热控制阀
温度过低	冷却液温度表指针指向80℃以下，发动机加速困难、无力	冬季保温措施未做好；未装节温器；冷却液温度传感器和冷却液温度表不正常	(1)检查保温设施是否良好(冬季) (2)检查传感器效能。将传感器电线搭铁，查看冷却液温度表，其指针应在0～100℃读数间摆动；或用万用表测量传感器应有阻值

第二节 叉车底盘的故障诊断与排除

一、传动系统常见故障的诊断与排除

1. 离合器故障

离合器常见故障原因及排除方法见表12-10。

表 12-10 离合器常见故障原因及排除方法

故障	现　象	原　因	排除方法
离合器打滑	叉车在起步、作业或上坡时动力不足,行驶中叉车速度不能随发动机转速的提高而加快,严重打滑时,从离合器部位散发出一股焦臭味且冒烟,摩擦片可能烧坏	(1)离合器踏板没有自由行程,使分离轴承压在分离杠杆上,压盘处于半分离状态 (2)离合器盖与飞轮接合螺栓松动,摩擦片磨损变薄或压盘弹簧弹力减弱 (3)摩擦片上有油污、硬化、铆钉外露	(1)挂前进挡或倒挡,拉紧驻车制动器,用手摇柄能摇转发动机,证明离合器打滑 (2)启动发动机,拉紧驻车制动器,挂低速挡,慢慢放松离合器踏板,逐渐加速起步,若车身不动,发动机也不熄火,说明离合器打滑。排除时,首先检查踏板自由行程,如不符合标准则应调整。如自由行程正常,则应拆下离合器底壳,检查离合器盖与飞轮之间有无垫片,如有垫片则应拆下后再拧紧。如无垫片,则检查摩擦片是否有油污。如有油污,则应拆下摩擦片,用汽油清洗并烘干,查找油污的来源并彻底清除。如无油污,则应检查摩擦片是否磨损过度或多数铆钉外露,若磨损过度或多数铆钉外露则应更换。若摩擦片完好,则应进一步分解离合器,检查弹簧弹力,若弹力稍减小,则可在弹簧下加适当垫片。若弹力过弱,则应更换离合器

续表

故障	现　象	原　因	排除方法
离合器分离不彻底	发动机怠速运转，完全踩下离合器踏板，挂挡困难。变速器齿轮有撞击声，若强行挂挡，则不抬起离合器踏板叉车就会前冲或发动机熄火	(1)离合器踏板自由行程过大或分离杠杆调整过低 (2)离合器从动盘翘曲或铆钉松动，分离杠杆内端高低不平或个别分离杠杆变形 (3)更换摩擦片后，新摩擦片过厚，从动盘正、反面装错，及分离杠杆支架螺钉松动等 (4)离合器从动盘毂和变速器第一轴键槽锈蚀发卡，使从动盘移动困难	(1)检查离合器踏板自由行程，若过大则应调整 (2)检查分离杠杆与分离轴承接触面是否高低不一；分离杠杆固定螺钉是否松动或分离杠杆弯曲变形 (3)新更换的摩擦片如过厚，则可在离合器盖与传动销之间加垫片（垫片厚度应一致）。如从动盘毂正、反面装错，则应重新装复 经上述检查调整均无效时，应拆下离合器，分解检查各零件的技术状况，必要时进行修理或更换
离合器发响	离合器不同部位的机件发响时间点是不同的。有的是踩下离合器踏板时发响，有的是踩下后响声消失，还有的是起步接合时发响	(1)分离轴承缺少润滑油或磨损过度 (2)分离杠杆支架销孔磨损松旷 (3)离合器摩擦片铆钉松动或外露 (4)离合器从动盘铆钉松动，减振弹簧折断 (5)离合器踏板或分离轴承回位弹簧折断、过软或脱落 (6)离合器从动盘键槽与变速器第一轴键齿磨损过度	(1)踩下离合器踏板少许，使分离轴承与分离杠杆接触，若此时发响，则是分离轴承发响。应先加注润滑油，如无效则为分离轴承损坏，应更换分离轴承 (2)刚踩下或抬起踏板时，即离合器从动盘和压盘处于刚要分离或刚要接合的瞬间发响，一般为压盘上凸出部位与窗孔之间，及变速器第一轴与从动盘毂之间配合间隙过大所致。另外，摩擦片铆钉松动或铆钉外露、刮碰压盘或飞轮也会发出响声 (3)踏板完全抬起时有响声，是离合器分离轴承与分离杠杆之间没有间隙或间隙过小造成的。若用脚钩起踏板，声音消失，则为踏板回位弹簧过软或脱落 (4)踩下离合器踏板时，响声在离合器前面，可能是曲轴后端内孔的滚针轴承磨损过度；抬起离合器踏板时，响声在离合器后面，可能是变速器故障，应分别诊断排除

续表

故障	现　象	原　因	排除方法
起步抖动	叉车起步时,车身抖动	(1)分离杠杆高度不一,压盘弹簧的弹力不均或个别折断,及压盘有沟槽等 (2)从动盘与毂间的铆钉松动,摩擦片铆钉外露,从动盘翘曲不平 (3)发动机固定螺栓松动,变速器和飞轮壳的固定螺栓松动,离合器盖固定螺栓松动,飞轮固定螺栓松动等	(1)首先踩、抬离合器踏板,检查离合器分离轴承进退是否灵活。若能进而不能完全退回,则应检查分离轴承回位弹簧是否脱落、折断或弹力过弱 (2)拆下离合器底壳,检查分离杠杆高度是否一致,如高度不一则应重新调整,分离杠杆头部磨损过度应修理或更换 (3)检查变速器与飞轮壳固定螺栓、发动机固定螺栓及离合器盖固定螺栓是否松动,如松动则应拧紧 (4)离合器从动盘毂的铆钉松动,摩擦片不平,压盘起沟槽及摩擦片铆钉外露,应紧固或修理;压紧弹簧折断或弹力不均的应更换

2. 变速器故障

变速器常见故障原因及排除方法见表 12-11。

表 12-11　变速器常见故障原因及排除方法

故障	现　象	原　因	排除方法
跳挡	行驶过程中,滑动齿轮自行脱离啮合;变速杆或换向杆自动跳回空挡位置	(1)齿轮或齿套牙齿磨成锥形 (2)变速器轴上的外键齿和滑动轮毂内键槽磨损过度 (3)换挡拨叉弯曲或过度磨损 (4)换挡拨叉轴凹槽或定位球磨损,定位球弹簧过软或折断 (5)变速器轴承磨损松旷	发现某挡位乱挡时,仍将变速杆挂入该挡,并使发动机熄火,拆开变速器查看齿轮啮合情况。如啮合不好,则应检查轴承是否磨损松旷,换挡拨叉是否变形,叉端与齿轮叉槽间隙是否过大。若间隙过大则应焊修叉端,变速器换挡拨叉变形应校正。若齿轮啮合良好,则应检查换挡机构的定位装置。拆下换挡拨叉轴检查定位弹簧,如弹簧过弱、折断,则应更换;换挡拨叉轴凹槽磨损应修复。齿轮啮合和换挡机构均良好,应检查齿轮的轮齿及轴的前后移动情况,若齿轮的轮齿磨成锥形应成对更换,若轴前后移动松旷则应调整

续表

故障	现　象	原　因	排除方法
乱挡	变速杆或换向杆不能挂入所需的挡位或挂入挡位后不能退出	主要是换挡机构失效引起的；换挡拨叉轴锁定凹槽、定位球磨损或弹簧折断；变速杆或换向杆下端工作面磨损，定位销折断	(1)变速杆或换向杆能任意转动，则是定位销折断，如摆动量很大，则说明下端工作面磨损严重 (2)如变速杆或换向杆摆动量正常，则应检查锁定机构是否失效
发响	变速器工作时发出碰撞声	(1)变速器缺油或齿轮油变质 (2)齿轮、轴承严重磨损，配合间隙过大 (3)更换齿轮没有成对更换 (4)齿面金属剥落或轮齿断裂 (5)轴承盖螺钉松动	(1)变速器发出金属干摩擦声，变速器外壳温度明显升高，为缺油或齿轮油变质；若缺油则应按规定加足，若齿轮油变质则应及时更换 (2)行驶时换入某挡若响声明显，则为该挡齿轮磨损过度；若发出周期性响声，则为个别轮齿损坏 (3)空挡时发响，多为轴承响，一般是轴承磨损严重，配合间隙大或端盖松动 (4)变速器工作时，突然发出撞击声，多为齿轮断裂，应及时拆下变速器盖仔细检查，以防造成机件损坏

二、转向系统常见故障的诊断与排除

转向系统是叉车行驶作业的关键部位，一旦发生故障，将直接影响行车和作业安全，因此发现故障后应立即排除。

1. 机械转向系统常见故障原因及排除方法见表 12-12。

2. 液压转向系统常见故障原因及排除方法见表 12-13。

三、制动系统常见故障的诊断与排除

叉车无论是在行驶中，还是在作业中，都必须保证制动系统的安全可靠，因此制动系统是叉车的关键部位，一旦发生故障，一定要立即排除。制动系统常见的故障有制动失灵、制动不良、制动跑偏和制动发咬等，具体见表 12-14。

表 12-12 机械转向系统常见故障原因及排除方法

故障	现象	原因	排除方法
转向沉重	叉车向左、右转弯时,转动转向盘,感到沉重费力	(1)转向螺杆上、下轴承调整得过紧或轴承损坏 (2)齿条与齿扇啮合间隙调整过紧 (3)横、直拉杆球头装置调整过紧 (4)横拉杆、转向桥弯曲变形 (5)转向装置润滑不良,如转向机内缺油。各球节未及时润滑,使摩擦阻力增大	(1)拆下转向机摇臂,转动转向盘感觉沉重,应调整齿条与齿扇、螺杆轴承的紧度。若感觉有松紧不均或内部有发卡现象,则应检查螺杆、钢球、导管夹、齿条和轴承有无毛糙或损坏。必要时修理或更换 (2)转动转向盘检查时,如感到轻松,说明转向机内部良好,应检查传动机构是否配合过紧及润滑不良,必要时应进行调整、润滑 (3)若以上情况均良好,则应检查转向桥是否变形,轮胎气压是否正常
转向不稳	叉车行驶中,转向盘抖动,转向轮摇摆,严重时方向控制困难	(1)横、直拉杆球节松旷(弹簧折断或间隙过大) (2)齿条与齿扇啮合间隙过大或摇臂固定螺钉过松 (3)螺杆上、下轴承间隙过大 (4)转向轮固定螺母松动	(1)转动转向盘,观察横、直拉杆球节是否松旷,转向轮固定螺母是否松动。必要时进行调整或修理 (2)拆下转向机摇臂。检查齿条与齿扇啮合间隙和螺杆上、下轴承间隙是否过大,必要时进行调整
行驶跑偏	行驶中感到叉车自动偏向一侧,必须用力握紧转向盘,才能保持行驶方向	(1)转向轮左、右胎气压不一致,使叉车重心移向一侧 (2)一边制动鼓发咬或轴承过紧	(1)检查左、右轮胎气压是否一致 (2)行驶一段路程后,停车用手摸制动鼓感觉是否烫手。如烫手,则为制动鼓发咬。用手摸轮毂轴承处,如烫手,则为轮毂轴承过紧

表 12-13　液压转向系统常见故障原因及排除方法

故　障	原　因	排除方法
转向器漏油	转向器各接合面泄漏	清洗、更换密封圈或紧固螺栓
	轴径处密封圈坏	更换
	溢流阀密封圈坏	更换
	限位螺栓处垫圈不平	抹平或更换垫圈
转向过重或转向失灵	油泵供油量不足	调整流量控制阀
	油路中有空气	排除空气
	工作油液不足	加油至规定容量
	溢流阀压力太低或堵塞	调整或清除堵塞物
	工作油液黏度太大	使用规定的工作油液
	转向器复位失灵、定位弹簧片折断或弹性太弱	更换弹簧片
	转向器销轴折断或变形	更换销轴
	联轴器开口折断或变形	更换联轴器
	安全阀弹簧失灵	更换弹簧
	转向油缸泄漏	更换密封件或油缸
	转向桥体变形	整修
转向浮动和车轮摆动	转向主销轴承损坏	更换轴承
	轮毂轴承移动	调整
	转向器定子间隙过大、效率下降	更换转子、定子

表 12-14　制动系统常见故障原因及排除方法

故障	现　象	原　因	排除方法
制动失灵	制动时各车轮不能起制动作用,叉车不能减速或停车	(1)主缸内无制动液 (2)主缸皮碗破损或顶翻 (3)轮缸皮碗破损或顶翻 (4)制动管路严重破裂或接头漏气	发生制动失灵的故障后,应立即使用驻车制动器停车,然后先检查有无制动液泄漏处。如主缸推杆防尘套处漏制动液,则多为主缸皮碗顶翻或严重损坏;如车轮制动鼓边缘有大量制动液,则说明该轮轮缸皮碗顶翻或严重破损;若管路泄漏制动液,则说明需更换管路。若无制动液泄漏现象,则应检查主缸油室内有无制动液

续表

故障	现　象	原　因	排　除　方　法
制动不良	叉车在行驶、作业中，踩下制动踏板不能立即减速和停车	(1)制动系统中有空气或踏板自由行程过大 (2)主缸补偿孔或加油口盖的通气孔堵塞 (3)摩擦片与制动鼓间隙过大，接触不良或摩擦片硬化，铆钉露出，有油污等 (4)制动鼓失圆，有沟槽或鼓壁过薄 (5)主、轮缸皮碗损坏变形，活塞与缸筒磨损过度而松旷漏油 (6)油管接头松动或油管有破漏处	(1)连续踩下制动踏板几次，制动踏板的位置会逐渐升高，升高后不抬脚继续往下踩，感到有弹力，松开踏板稍停一会儿再踩，还是如此，说明制动系统内有空气，应放净空气 (2)若连续踩几次制动踏板，虽然踏板能逐渐升高，但是升高后，不抬脚继续踩感觉不到有弹力，且有下沉的感觉，说明制动系统中有漏气之处。应检查各油管接头、油管和主、轮缸有无漏气之处 (3)一脚制动不良，但踏下踏板数次后制动效果很好，即为踏板自由行程过大或摩擦片与制动鼓间隙过大，应予以检查调整 (4)若踩下制动踏板时，从其高度来看情况正常，但制动效果不好，则说明制动鼓失圆、制动蹄片有油污、泥水、接触不良、硬化、铆钉露出等，应检查修理，予以排除 另外，制动液质量不好、制动油管堵塞或碰瘪等，也会引起制动问题
制动跑偏	叉车制动时，向一侧跑偏	(1)两驱动轮制动鼓与摩擦片的间隙不一致 (2)某侧驱动轮轮缸内有空气或轮缸皮碗磨损 (3)两驱动轮摩擦片质量不同或接触面积相差太大 (4)两侧车轮气压不一致 (5)某侧驱动轮摩擦片有油污、水湿、硬化或铆钉外露	叉车制动跑偏，多属两前轮制动力大小不等或制动生效时间不一致，并且向制动力较大或制动生效时间较早的一侧跑偏。因此，通常用路试的方法，根据轮胎拖印长短来查明制动效能不良的车轮，拖印短或没有拖印的车轮，即为制动效能不良，可按上述原因分析检查。先检查该轮制动轮缸内是否渗入空气，轮胎气压是否正常。若正常，则再调整制动蹄片间隙

故障	现　象	原　因	排除方法
制动发咬	放松制动踏板后，全部或个别车轮仍处于制动状态，并伴有全部或个别车轮制动鼓过热现象	(1)制动踏板没有自由行程或回位弹簧过软、折断或脱落 (2)主、轮缸皮碗发胀或活塞变形，有污物 (3)主缸回位弹簧过软、折断或回油孔被污物堵塞 (4)摩擦片与制动鼓间隙过小或制动蹄片回位弹簧过软或折断 (5)制动蹄不能在支点销上自由转动	若多轮制动鼓均过热，则表明主缸有故障。若个别车轮制动鼓过热，则属于该轮制动发咬 (1)故障在主缸时，应先检查制动踏板自由行程。若无自由行程，一般为主缸推杆与活塞的间隙过小或没有间隙。若自由行程正常，则可拆下主缸储油室螺塞，检查制动液是否变质。若制动液良好，则应分解主缸检查皮碗是否发胀、活塞回位弹簧是否良好，回油孔和补油孔是否堵塞 (2)个别车轮制动器发咬，可架起该车轮，拧松其轮缸放气螺钉，如制动液急速喷出且车轮即刻旋转自如，则说明该轮制动管路堵塞；若旋转该车轮仍发咬，则检查制动蹄片与制动鼓间隙是否过小。若上述均正常，则应分解检查轮缸活塞、皮碗及制动蹄片回位弹簧的效能

第三节　叉车工作装置和液压系统的故障诊断与排除

在检修叉车液压系统故障时，常把液压系统的故障与工作装置的故障结合分析，以便尽快排除故障。叉车工作装置的主要故障有门架或叉架卡滞、叉架歪斜和门架与叉架振动噪声大等。液压系统常见的故障有起升跳动、货叉自行下降、门架自行前倾、起重量达不到额定值和起升速度慢等。工作装置与液压系统常见故障原因及排除方法见表12-15。

表 12-15 工作装置与液压系统常见故障原因及排除方法

故障	现象	原因	排除方法
门架或叉架卡滞	升降速度明显变慢,轻载时滑架卡住,不能靠自重下滑	门架主滚轮、侧滚轮与门架间隙过小,内、外门架变形	拆下门架,检查滚轮与门架配合间隙,如不当则通过增减垫片来调整;检查内、外门架变形情况,如超差则校正
叉架歪斜	叉架起升、下降时,两货叉所在平面向叉车一侧倾斜	侧滚轮间隙过大,两链条张紧度不均,驱动轮气压不等	首先检查驱动轮气压是否相同,需要时应补气,然后检查两链条张紧度是否一致,如不一致应调整,最后检查侧滚轮与门架
门架与叉架振动噪声大	叉车运行中门架及叉架剧烈振动,噪声明显增大	各种滚轮与门架配合间隙过大,各紧固件松脱	拆下门架及叉架,检查门架、叉架滚轮与门架配合间隙,如过大则调整,检查各部分的紧固件
起升跳动	起升时,门架发生跳动现象	(1)起升液压缸中有空气 (2)齿轮泵性能不良 (3)换向阀动作不灵活 (4)油液不干净	首先松开起升液压缸上的放气螺塞,将起升液压缸内的空气放出;检查油液清洁度。如果仍然有跳动现象,则要检查换向阀和齿轮泵的工作情况,如工作不良则修复或更换
货叉自行下降及门架自行前倾	货叉升起后自动下降,或门架自动前倾	(1)分配阀的阀芯与阀体间磨损严重,油液自动流回油箱 (2)液压系统有泄漏处 (3)起升、倾斜液压缸密封圈损坏,使前、后腔连通 (4)单向限速阀损坏	首先检查各液压元件和各连接管路有无泄漏,如有则修复。如果只有货叉自动下降现象,则应检查单向限速阀及换向阀。如果只有门架自动前倾现象,则应检查倾斜液压缸密封圈或换向阀工作情况。如有损坏处,则应修复或更换
起重量达不到额定值	起重量低,达不到额定值	(1)齿轮泵损坏或漏油 (2)安全阀压力过低 (3)油管或起升液压缸漏油 (4)起升液压缸变形损坏 (5)油箱缺油	首先检查液压油箱是否缺油;检查各元件有无漏油处,查明原因后排除;查看起升液压缸有无变形;检查、调整安全阀压力

故障	现象	原因	排除方法
起升速度慢	货叉起升时速度太慢	(1)齿轮泵供油量不足 (2)安全阀失灵 (3)起升液压缸磨损严重，阀芯与阀体配合间隙太大 (4)系统中有空气 (5)系统有漏油处	首先检查各接头、元件密封垫及结构内部有无漏油处，如有则更换；给系统放气，如果仍然不能排除故障，则要拆检起升液压缸、齿轮泵及安全阀的工作情况，达不到技术要求则应修配或更换

第四节 叉车电气系统的故障诊断与排除

一、叉车电源系统常见故障的诊断与排除

叉车蓄电池常见故障原因及排除方法见表12-16。

表 12-16 叉车蓄电池常见故障原因及排除方法

故障	现象	原因	排除方法
容量降低	达不到额定容量或容量不足	补充电不足或使用后充电不足	均衡充电并改进运行方法
		电解液密度偏低	调整电解液密度
		外接线路不通畅，电阻较大	理顺外接线路，减小电阻
	容量逐渐降低	极板硫酸盐化	反复充电，消除极板硫酸盐化
		电解液混入有害杂质	检查电解液，必要时更换
		电池局部短路	排除
	容量突然降低	电池内部短路	检查原因，并排除
电压异常	电池充电时电压偏高，而在放电时电压很快降低	极板硫酸盐化	消除极板硫酸盐化
	电池在使用中，开路电压明显降低	反极、短路	检查单体电池电压，并排除反极、短路

续表

故障	现象	原因	排除方法
冒气异常	电池充电末期不冒气或冒气少	充电电流太小或电池充电未充足	按要求充电
	电池充电后不冒气	电池内部短路	排除短路
	电池在充电中冒气太早并且大量冒气	极板硫酸盐化	消除极板硫酸盐化
	电池在放置或在放电过程中冒气	充电后未搁置即放电,电解液中有杂质	搁置1h左右放电或更换电解液
电解液温度高	正常充电时,液温升高异常	充电时电流太大或内部短路	调整充电电流、排除短路
	个别电池温度比一般电池高	极板硫酸盐化	消除极板硫酸盐化
电解液密度和颜色异常	电池在充电中密度上升少或不变	极板硫酸盐化	消除极板硫酸盐化
	电池充、放电后,搁置期间密度下降大	电池自放电严重	电解液中杂质较多,应更换电解液
	电解液颜色、气味不正常,并有浑浊沉淀	电解液不纯,活性物质脱落	更换电解液并冲洗电池内部

二、叉车启动系统常见故障的诊断与排除

启动系统的常见故障主要有起动机不转、起动机运转无力、起动机空转和起动机不能停止等。

1. 起动机不转

首先检查蓄电池充电情况和线路连接情况,如果都正常,则故障发生在起动机上。把电动机开关两接线柱短路,如起动机空转正常,则故障在开关;如仍不转,且两接线柱短路无火花产生,则表明起动机内部有断路故障;如起动机虽不转动,但两接线柱短路时有强烈火花产生,则表明起动机内部有搭铁或短路故障。

起动机不转,属于开关和起动机内部故障,原因如下。

（1）开关触点烧蚀。

（2）开关弹簧损坏或开关压盘调整不当，不能使开关触点闭合。

（3）磁场绕组或电枢绕组断路、短路或搭铁。

（4）绝缘电刷搭铁。

（5）起动机电枢轴弯曲或轴承过紧。

（6）电磁操纵式起动机吸引线圈断路、短路或搭铁。

2. 起动机转动无力

如蓄电池充电良好，线路连接正常，发生这种故障的原因如下。

（1）轴承过松，或电枢轴弯曲，使电枢与磁极铁芯碰擦。

（2）电刷弹簧弹力不够，或是电刷压力不足，电刷与换向器脏污。

（3）换向器严重烧蚀，电刷与换向器接触面积过小。

（4）电枢绕组或磁场绕组有局部断路。

（5）衬套与轴颈间隙配合过紧或三个衬套不同心。

3. 起动机空转

出现这种现象有两种情况：一种是驱动齿轮与发动机飞轮能啮合，起动机不转的原因是单向离合器打滑或飞轮轮齿损坏；另一种是驱动齿轮与飞轮不啮合并有撞击声，主要原因如下。

（1）驱动齿轮与飞轮轮齿损坏。

（2）起动机开关闭合过早。

（3）单向离合器啮合弹簧损坏，使驱动齿轮不能与飞轮啮合。

（4）起动机调整不当。

（5）启动继电器张开电压调整过高。

（6）保持线圈断路或严重短路。

4. 起动机不能停止

松开启动按钮起动机不能停止说明主回路未切断，可能原因如下。

（1）电路开关在电路接通时，因强烈火花将触点烧结在一起。

（2）驱动齿轮轴变形、脏污，驱动齿轮在轴上滑动阻力过大，回位弹簧过软等。

（3）启动时驱动齿轮与飞轮咬死，不能回位。这种情况大多是蓄电池充电不足或气温过低使起动机带动发动机曲轴转动的阻力很大。因此，虽将启动开关放松，但电动机已通过电流产生转矩，在驱动齿轮与飞轮齿面间有很大压力，使驱动齿轮不能脱出，电动机开关也不能断开，蓄电池会继续大量放电而烧毁起动机（321型起动机的可分开式集电环可避免这种情况发生）。遇有这种情况，应迅速断开电动机开关或蓄电池搭铁开关。蓄电池储电不足或严寒条件下的冷发动机应禁止使用起动机。

第十三章 电动叉车使用、维护保养和故障排除

第一节 电动叉车的使用

电动叉车与内燃叉车相比，结构上大体相同，因此操作方法也基本相同。但由于车型、构造上的差别，有其自身的特点。操作时，各机构的操纵幅度和用力轻重，要反复操作体会，才能达到熟练、准确，确保行驶和作业安全。

二维码（视频）

由于电动叉车的行驶速度和换向是通过改变驱动电动机的电流大小和电流方向来实现的，所以电动叉车没有变速器和离合器，直接用调速踏板控制车速，用换向开关改变叉车的行驶方向（前进或倒车）。只要驱动电动机一转动，电动叉车就起步，其速度通过调速踏板控制，制动器、驻车制动器配合减速停车。电动叉车在行驶前、起步和行驶中、停驶后、日常和长期存放以及在某些特殊环境下使用时都有相应的注意事项。

一、行驶前的准备

在行驶和作业前，电动叉车必须进行以下技术检查。

（1）检查蓄电池电解液液面高度和密度。液面应高出隔板10~15mm，密度应符合该地区、该季节要求，单格电压不得低于1.75V，全车电压不得低于最低极限电压（如0.4t和0.5t电动叉车为20V），否则应补充电解液或充电，各电极接头应清洁和紧固。

（2）检查电源线路。各电线接头应连接紧固，接触良好，熔断器应完好，各开关及手柄应在停止位置。

（3）检查仪表、灯光、喇叭等工作是否正常（合上应急开关，

打开电锁)。

(4)检查转向机构,应灵活轻便。

(5)检查制动装置,应灵活可靠。

(6)检查各轴承及有关运转部分是否润滑良好,动作灵活。

(7)检查行走部分及液压系统工作是否正常,特别是管路、接头、液压缸、分配阀等液压元件有无漏油现象。

(8)检查货叉和挡物架。根据装卸货物的尺寸,选择好货叉,并装在叉架上调整好距离;选择好压紧装置的挡物架等,并根据货物高度恰当调整。

(9)检查货叉、压紧机构、横移机构、起重链、门架等,应工作良好,使用可靠。

(10)检查牵引钩等是否连接牢靠,以便确定叉车牵引拖车时的拖车个数。

(11)检查叉车是否有故障,及时排除隐患,不带故障出车。

二、起步和行驶中的注意事项

(1)行车前,驾驶员应首先观察和清理现场、通道,使其适于叉车作业行驶。

(2)起步时,应先合上应急开关、打开电锁,然后扳好方向开关的位置,鸣笛,再缓慢起步并逐渐加速,禁止快速踏下调速踏板起步,以防启动电流过大而烧坏电动机。

(3)行驶时,应逐渐加速,不允许长时间低速行驶。

(4)行驶中严禁扳动方向开关,只有在车停稳后,才能扳动方向开关换向。应尽量避免紧急制动,如遇紧急情况,应迅速拉下闸刀开关,踩下制动踏板,即刻停车。

(5)起步、转弯时要鸣笛,转弯、下坡、路面不平或通过窄通道时,要减速慢行,注意安全。

(6)在道路上行驶时,要靠右侧通行,叉车货叉离地10～20cm,门架在后倾位置。两车同向行驶时,前后应保持2m以上距离。

(7)会车、让车时,应空车让重车。

（8）叉车牵引拖车时，禁止连续曲线行驶，以免大电流放电而影响安全。无论满载、空载、上坡、下坡等，严禁倒车行驶。转弯时，应减速慢行，以免货物散落，同时要注意内轮差，以防拖车刮碰内侧或驶出路外。

（9）禁止货叉载人及拖车载人。

（10）一般情况下，电动叉车行走电动机和油泵电动机禁止同时工作，以延长蓄电池的使用寿命。

（11）当工作电压低于本车最低极限电压时，应停止工作，及时充电。

（12）行车中如发现有异常现象，应立即停车检查，并及时排除故障，严禁带故障行驶。

三、停驶后的工作

（1）叉车使用完毕，应清洁全车，并选择合适地点停放，注意防冻、防晒、防雨淋。

（2）停车时，将换向开关和灯开关置于 OFF 位，将货叉落地，并将各液压缸活塞杆缩入缸内，拉上驻车制动杆，关闭电锁、拉下应急开关。

（3）清洁、检查蓄电池。检查电解液液面高度，及时补充蒸馏水，检查和调整电解液密度；检查蓄电池电压，当蓄电池电压小于最低极限电压时，应立即充电。

（4）检查液压系统的油管、接头、液压缸、分配阀、油箱等是否有损坏或渗漏现象。

（5）检查轮胎是否破损或有异物嵌入，及时清理异物，根据轮胎破损情况视情况更换或维修轮胎。

（6）排除其他故障，保持叉车处于完好技术状态。

四、日常存放注意事项

（1）把叉车停放在指定的位置，用楔形块垫住车轮。

（2）把换向操纵杆置空挡。

（3）拉上制动手柄。

（4）关掉钥匙开关，操作多路阀操纵手柄数次，以释放液压缸和管路中的剩余压力。

（5）拔去电源插座。

（6）取下钥匙放在指定处保管。

五、长期存放注意事项

（1）拔出蓄电池插头以防放电，停放在暗处。

（2）对外露的部件和可能生锈的轴涂防锈油。

（3）盖住透气孔等潮气易进入的地方。

（4）用罩子罩住整台叉车。

（5）所有润滑点加注油脂。

（6）需用木块垫住车体与平衡重下部，减少两后轮的负重。

（7）每周运行叉车一次，将货叉提升到最大高度几次。

（8）每月检测一次电解液密度和液面高度。

（9）每月应均衡充电一次。

六、不适用电动叉车的某些特殊环境

电动叉车通常情况下，不可在以下环境内使用，若使用环境为以下环境，应需与厂家联系，做好相应防护和改装，并按相应规定做好养护。

（1）具有盐蚀危险的港湾或海滨地区。

（2）机器可能受酸液或其他化学药品影响的化学工厂。

（3）因粉尘或具有爆炸性气体等而可能有起爆危险的环境。

（4）寒冷、炎热地区，或高海拔地区。

（5）具有排出一定量有害物质的环境。

第二节　电动叉车的维护保养

电动叉车需要定期检查与保养，使其处于良好的性能状态。定期保养往往易被忽视，尽早发现问题并及时予以解决，是防止事故隐患的重要前提。维护保养一般分为日常维护、一级保养和二级保养。在维护保养需更换或加油时，不得使用不同型号油品。更换下来的废油、蓄电池废液，不得随意倾倒，应当按照当地的环保法律法规进行处置。制定周全的保养、维修计划。每次保养、维修后应做完整记录。

一、日常维护保养

电动叉车的日常保养，由驾驶员负责，在当日内进行，主要内容及要求如下。

（1）清除叉车车体等外露部分的油垢及积尘。

（2）检查和紧固各电动叉车配件的螺钉、螺母和开口销。

（3）检查电气系统各接点接触情况和紧固情况，擦拭（需要时打磨）各接触点。

（4）按润滑指示表进行润滑。

（5）电动叉车蓄电池的日常维护参照内燃叉车蓄电池的维护保养。

（6）检查音响、照明、转向开关和制动开关是否有效；检查各指示仪表是否正常。

（7）检查制动、转向机构工作是否正常。

（8）检查液压油箱中的油液高度是否符合要求，温度是否过高（不能超过 60 度）；检查液压泵、分配阀和液压缸工作是否正常；检查液压系统主要元件和辅助元件有无外漏、渗漏现象。

（9）检查调整起升链条的松紧度。

二、一级保养

电动叉车运行 500h 后要进行一次一级保养，由驾驶员为主，维修保养人员配合进行，在完成日常保养外增添以下内容。

（1）完成日常保养各项内容。

（2）清理日常保养以外的各配件表面及机体内部的积尘和油垢。

（3）检查调整指令器踏板行程，从接通启动开关到叉车行走应有的适当行程。

（4）检查失控保护电路工作是否正常，即接通电锁，将走行电动机电枢接头与机壳短路，若继电器吸合、指示灯灭即正常。

（5）检查叉车蓄电池极柱有无腐蚀，封口有无开裂。

(6) 检查电动叉车的蓄电池箱体有无腐蚀和开焊。

(7) 清洁和润滑门架、链条、导向轮。

(8) 松开油箱底部的放油螺塞，放出油箱中的沉淀物及积水，根据情况更换液压油。对新的叉车或大修后的电动叉车，在进行第一次一级保养时，要彻底清洗液压系统，更换新的液压油。

(9) 按润滑表进行润滑。

三、二级保养

电动叉车运行 2500h 后要进行一次二级保养。以维修保养人员为主，驾驶员参与，除了执行一级保养外，还应做好下列工作。

(1) 完成一级保养各项内容。

(2) 拆卸、检查、清洁电动叉车电动机的内部，测量电枢绕组和励磁绕组的绝缘电阻（用绝缘电阻表测量时，电枢绕组和励磁绕组对机壳间的绝缘电阻不应低于 $1M\Omega$），清洁、整修换向器和电刷。

(3) 检查调速器的可控硅、插件板插座和 19 芯插头有无损坏，检查指令器扇形胶木轮和电位器变化有无滑动、脱离现象。

(4) 拆检、清洗制动装置和转向装置。

(5) 检查各接触器的接头、触头有无接触不良和损坏现象，紧固各接线螺栓。

(6) 检查各蓄电池外壳有无裂纹，封胶是否良好，极柱和连接线是否氧化和损坏，接线是否牢固。

(7) 拆卸、检查清洗驱动装置内部，调整螺旋锥齿轮的啮合间隙。

(8) 清洗油箱、液压缸、油管和滤网，更换液压缸密封圈和液压油。

(9) 检查货叉、叉架和铲板是否有裂纹、开焊或明显变形。

(10) 拆检链盒。

(11) 检查起重链条连接螺栓是否有滑扣和弯曲变形。

(12) 外表补漆。

(13) 按润滑表进行润滑。

四、电气系统的使用维护与保养

1. 控制器

控制器在使用过程中，应保持动作的正确性和灵活性。经常检查触头是否熔损，若发现烧伤等情况时，应用细锉除去，并定期对控制器进行全面检查。

2. 接触器

接触器的触头必须接触良好，应经常检查动作是否灵活，触头是否烧蚀。如有尘垢及伤痕，应立即清除，并进行定期检查。

3. 电阻

检查电阻有无断裂损坏，清除电阻上的灰尘，以利散热。

4. 油泵电动机

油泵电动机不能超负荷运转，若必须超负荷则运行时间不得超过 15s。

5. 电气线路

电气线路连接应正确，不允许接错或有短路现象，所有插头的接触必须良好，接线螺钉应拧紧，各处锡焊必须坚实可靠无脱焊现象。

6. 行走电动机

使用中应特别注意行走电动机运转是否正常，如遇下列情况，应根据故障原因及时排除。

（1）不能启动　可能是熔断器烧断，控制线路不通，电动机各线圈有严重短路或断路，换向片之间短路，电刷接触不良，负载过重或轴承等机械损坏导致的。

（2）转速不正常　可能是各线圈短路或断路，电刷位置不正且过载，轴承损坏，电源电压太低等导致的。

（3）电刷产生火花　可能是电刷接触不良，换向器表面高低不平，电刷位置不正，表面不洁，换向片短路或电动机各线圈短路等导致的。

（4）产生高温　可能是过载，轴承及油封太紧、损坏或润滑不良，轴心不正，电枢及磁极摩擦，线圈短路，电刷压力过大、位置不正，整流不良等原因导致的。

（5）有杂音　主要是轴承损坏、换向器表面不平、电刷振动或摩擦等原因导致的。

电气系统是电动叉车的主要组成部分，若稍有故障或损坏可能会造成全车失灵或导致事故。因此，经常对电气系统进行维护保养，对安全使用叉车极为重要。检修时要拆除电源，避免发生短路。

液压传动系统、工作装置、转向泵和制动泵等机械部分的维护保养可参照内燃叉车有关内容进行。

电动叉车规格及技术状况也各不相同，特别是新型叉车，其维护保养要求也不完全一致，可参照有关叉车的技术说明书进行维护保养作业。

五、电动叉车二级保养的竣工验收

电动叉车二级保养竣工验收的项目如下。

（1）全车线路排线整齐，固定牢靠。接通电锁，检查仪表、灯光、喇叭等工作应正常。

（2）电动叉车启动、调整平稳无抖动现象。全速走行时，保护电路不应工作。

（3）电动机不应过热（温升不能高于60℃），不应有异响。

（4）转向灵活，制动可靠，倒车正常。

（5）蓄电池表面清洁，电解液液面高度和密度应符合要求，蓄电池电压不应低于规定值（24V）。

（6）电动叉车货叉、压紧机构、横移机构、起重链、门架应动作灵活且工作可靠。

（7）电动叉车的液压系统工作应正常，管路、接头、液压缸和分配阀等无渗漏现象。

（8）车容整洁。

第三节　电动叉车常见故障的排除

电动叉车在使用过程中会发生各种故障，及时准确地排除故障，需要理清其基本原理和结构，正确判断故障原因，掌握科学方法。

一、电动叉车动力传递原理

1. 电动叉车动力传递路线（图 13-1）

电动叉车　　　　　电动机　　　　　　蓄电池

图 13-1　电动叉车动力传递路线

2. 电动叉车动力框图（图 13-2、图 13-3）

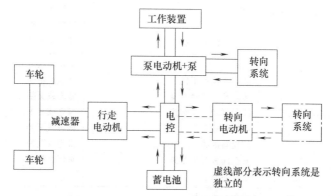

图 13-2　单前驱电动叉车动力框图

二、电动叉车故障排除方法

1. 电气系统常见故障

电气系统常见故障原因及排除方法见表 13-1。

2. 电动机常见故障

电动叉车电动机常见故障与原因见表 13-2。

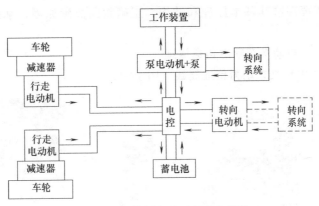

图 13-3 双前驱电动叉车动力框图

表 13-1 电气系统常见故障原因及排除方法

故 障	原 因	排除方法
打开钥匙开关无电压	钥匙开关接触不良	更换
	断线	重新连接
	插接件接触不良	修理或更换
	蓄电池接头松动	拧紧连接螺栓
踩加速器叉车不行走	断线	重新连接
	插接件接触不良	修理或更换
	转向开关接触不良	修理或更换
	驻车制动开关粘连	修理或更换
	加速器故障	修理或更换
	控制器故障	修理或更换
	安全踏板开关断路	重新连接
	熔丝熔断	更换
无前进/后退	转向开关损坏	更换
不踩加速器,只打方向叉车就能运行	加速器不能回到初始位置	修理或更换
无起升	接触器线圈短路或开路	修理或更换
	起升调速电位计有故障	修理或更换
	断线	重新连接
	接插件接触不良	修理或更换
	接触器主触点烧坏	更换主触点

续表

故　障	原　因	排除方法
无倾斜/前移/侧移	断线 插接件接触不良 倾斜/前移/侧移微动开关损坏	重新连接 修理或更换 更换
门架无动作时,起升电动机转速过高	起升调速电位计阻值不能回到 5kΩ 倾斜微动开关粘连 前移微动开关粘连 侧移微动开关粘连 液压开关粘连	调整 修理或更换 修理或更换 修理或更换 修理或更换
无转向	控制器故障 液压开关不能接通	修理或更换 修理或更换
照明灯工作不正常	熔丝熔断 插接件接触不良 灯泡损坏	更换 修理或更换 更换
喇叭不响	插接件接触不良 喇叭开关接触不良 喇叭坏	修理或更换 修理或更换 更换
喇叭长响	喇叭开关常通	修理

表 13-2　电动叉车电动机常见故障与原因

故障现象	可能原因
全部铜片发黑	电刷压力不对
换向片按一定顺序成组发黑	换向片片间短路 电枢线圈短路 换向片与电枢线圈焊接不良或断路
换向片发黑,但无一定规则	换向器中心线位移 换向器表面不平或不圆
电刷磨损、变色破裂	电动机振动 电刷与刷盒间间隙过大 刷盒与换向器工作表面间距离过大 换向器上片间云母凸出 电刷材料不良 电刷牌号不对

续表

故 障 现 象	可 能 原 因
火花大	电动机过负荷 换向器不洁净 换向器表面不平或不圆 云母片或一部分换向片凸出 电刷研磨得不好 电刷压力不够大 电刷牌号不对 电刷在刷盒内卡住不动 刷架松动或振动 磁极的极性和排列的顺序不对
电刷和刷辫线发热	电刷火花大 电刷与软导线之间接触不良 软导线线圈面积太小
电刷有杂音	换向器表面不平滑

三、电动叉车故障排除实例

1. 整机不通电故障检查方法

（1）检查蓄电池插头是否插好，如图 13-4 所示。

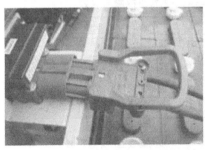

图 13-4　检查蓄电池插头

（2）检查紧急停机按钮是否闭合，如图 13-5 所示。

（3）检查控制回路的熔丝是否烧坏，接触是否良好，如图 13-6 所示。

（4）检查蓄电池接线端的紧固件是否松动，如图 13-7 所示。

图 13-5 检查紧急停机按钮

图 13-6 检查控制回路的熔丝

（5）检查电锁是否损坏，如图 13-8 所示。

图 13-7 检查蓄电池接线端

图 13-8 检查电锁

2. 驱动系统工作正常，外部照明、信号不能工作故障检修方法

（1）检查外部照明、信号电路的熔丝是否烧坏，如图 13-9

所示。

(2) 检查照明信号电源连接处是否接触不良，如图 13-10 所示。

图 13-9　检查外部照明、
信号电路的熔丝

图 13-10　检查照明电源引线

(3) 检查电锁开关的辅助触点工作是否正常（CPD15 型、CPD25 型和 CPD30 型叉车电锁有两组触点，一组控制控制器，另一组控制照明信号系统），如图 13-11 所示。

3. 外部照明信号工作正常，控制系统不通电无法工作故障检修方法

(1) 检查控制器电源的熔丝是否烧坏（一般装在控制器附近），如图 13-12 所示。

图 13-11　检查电锁开关

图 13-12　检查控制器电源的熔丝

(2) 检查电锁控制触点是否损坏（CPD15 型、CPD25 型和 CPD30 型叉车电锁有两组触点，一组控制控制器，另一组控制照明信号系统），如图 13-13 所示。

4. 叉车行驶方向和方向开关相反或泵电动机反向运转的故障排除

这类故障一般是电动机的接线接反所致，将电动机正极和负极调换即可解决问题。

注意，调泵试电动机时，如果发现泵电动机转向与泵的转向相反，则要尽快停机，避免泵长时间反转烧坏，将泵电动机接线反接后，再重新通电。

图 13-13　检查电锁控制触点

5. 根据故障代码判断故障

当电动叉车出现故障时，会在仪表上显示故障代码。例如，安装有 CURTIS 1253 控制器的电动叉车，1253 控制器具有一个状态 LED 输出，可用于驱动外部 LED 灯。当控制器或控制器输入有故障时它会显示故障代码。在正常操作过程中没有故障时，状态 LED 灯稳定地闪烁。若控制器检测到故障，二位故障指示码会连续闪烁直到故障排除。故障诊断见表 13-3。

表 13-3　1253 控制器故障诊断

状态码	状态灯	编程器 LCD 显示解释	可能原因
灭 常亮		没有电压或者控制器不工作控制器出错（如 MCU 故障等）	
0,1	■⊗	NO KNOWS FAULTS 控制器正常工作，没有已知的故障	无
1,1	⊗　⊗	EEPROM FAULT 电子擦除式只读存储器故障	(1)电子擦除式只读存储器故障数据丢失或损坏 (2)电子擦除式只读存储器故障校验错误。用 1311 编程器改变控制器任何一个参数可消除此错误

续表

状态码	状态灯	编程器 LCD 显示解释	可能原因
1,2	⊗　⊗⊗	HW FALLSAFE 硬件故障自动保护出错	(1)MOSFET 短路 (2)控制器故障
1,3	⊗　⊗⊗⊗	MOTOR SHORTED 电动机内部短路	电动机内部短路
2,1	⊗⊗　⊗	UNDERVOLTAGE- CUTOFF 电压过低导致性能消减	电池电压太低
2,2	⊗⊗　⊗⊗	LIFT LOCKOUT 提升锁止	(1)触发了控制器的 提升锁止功能 (2)SS 闭锁参数设置 不正确
2,3	⊗⊗　⊗⊗⊗	SEQUENCE ERROR 顺序故障	(1)加速器或 SS,KSI 或 KSI 互锁开关顺序 错误 (2)启动闭锁参数设 置不正确 (3)加速器调整错误
2,4	⊗⊗　⊗⊗⊗⊗	THROTTLE FAULT 滑动端信号故障	(1)加速器输入线开 路或短路 (2)加速器故障 (3)选错加速器类型
3,1	⊗⊗⊗　⊗	CONI DRVR OC 驱动器输出电流过大	(1)主接触器线圈 短路 (2)控制器故障
3,2	⊗⊗⊗　⊗⊗	MAIN CONT WELD- ED 主接触器粘连	(1)主接触器卡住 关闭 (2)主接触器"CNTRL" 参数设置错误 (3)主接触器驱动器 短路
3,3	⊗⊗⊗　⊗⊗⊗	PRECHARGE FAULT 预充电故障	(1)预充电电路故障 (2)外部 B－短路到 B ＋或漏电

状态码	状态灯	编程器 LCD 显示解释	可能原因
4,1	⊗⊗⊗⊗ ⊗	LOW BATTERY VO-LTAGE 电池电压低	（1）电池电压欠压切断 （2）电池接头腐蚀 （3）电池或控制器端子松动
4,2	⊗⊗⊗⊗ ⊗⊗	OVERVOLTAGE 电压过高	（1）电池电压过压切断 （2）车辆运行时充电器仍在充电

参 考 文 献

[1] 陈金潮. 叉车技术与应用 [M]. 南京：东南大学出版社，2008.

[2] 杨国平. 工程汽车、叉车故障诊断与排除 [M]. 北京：机械工业出版社，2009.

[3] 马庆丰. 叉车维修图解手册 [M]. 南京：江苏科学技术出版社，2009.

[4] 李宏. 叉车操作工培训教程 [M]. 北京：化学工业出版社，2009.

[5] 李庆军，王甲聚. 汽车发动机构造与维修 [M]. 北京：机械工业出版社，2009.

[6] 陶新良. 电动叉车和电动牵引车的构造与维修 [M]. 北京：中国物资出版社，2006.

[7] 仇雅莉. 汽车发动机构造与维修 [M]. 北京：人民邮电出版社，2010.

[8] 王苏光，王凤喜. 叉车维修速查 [M]. 北京：机械工业出版社，2012.

[9] 马建民. 叉车使用维修一书通 [M]. 广州：广东省出版集团，2008.

[10] 李庭斌. 叉车工技能 [M]. 北京：中国社会劳动保障出版社，2008.

[11] 王凤喜，王苏光，徐游，等. 叉车日常使用与维护 [M]. 北京：机械工业出版社，2010.